高等教育工业设计专业系列实验教材

计算机辅助工业设计

COMPUTER AIDED INDUSTRIAL DESIGN

Rhino 三维建模渲染进阶实训

RHINO 3D MODELING AND RENDERING
STEPWISE PRACTICAL TRAINING

张祥泉　林幸民　王　军　主　编

赵若轶　副主编

中国建筑工业出版社

图书在版编目（CIP）数据

计算机辅助工业设计：Rhino三维建模渲染进阶实训／
张祥泉等主编．—北京：中国建筑工业出版社，2019.5（2024.2重印）
高等教育工业设计专业系列实验教材
ISBN 978-7-112-23487-5

Ⅰ.①计⋯ Ⅱ.①张⋯ Ⅲ.①产品设计－计算机辅助设
计－应用软件－高等学校－教材 Ⅳ.①TB472-39

中国版本图书馆CIP数据核字（2019）第050079号

责任编辑：吴　绫　贺　伟　唐　旭　李东禧
书籍设计：钱　哲
责任校对：李美娜

本书附赠配套课件，如有需求，请发送邮件至1922387241@qq.com获取，
并注明所要文件的书名。

高等教育工业设计专业系列实验教材

计算机辅助工业设计 Rhino三维建模渲染进阶实训
张祥泉　林幸民　王军　主编
赵若轶　副主编
*
中国建筑工业出版社出版、发行（北京海淀三里河路9号）
各地新华书店、建筑书店经销
北京锋尚制版有限公司制版
天津图文方嘉印刷有限公司印刷
*
开本：850×1168毫米　1/16　印张：12　字数：269千字
2019年6月第一版　　2024年2月第二次印刷
定价：69.00元（赠课件）
ISBN 978-7-112-23487-5
　　（33784）

"高等教育工业设计专业系列实验教材"编委会

主　　编　潘　荣　叶　丹　周晓江

副 主 编　夏颖翀　吴　翔　王　丽　刘　星　于　帆　陈　浩　张祥泉　俞书伟　王　军
　　　　　　　傅桂涛　钱金英　陈国东

参编人员　陈思宇　徐　乐　戚玥尔　曲　哲　桂元龙　林幸民　戴民峰　李振鹏　张　煜
　　　　　　　周妍黎　赵若轶　骆　琦　周佳宇　吴　江　沈翰文　马艳芳　邹　林　许洪滨
　　　　　　　肖金花　杨存园　陆珂琦　宋珊琳　钱　哲　刘青春　刘　畅　吴　迪　蔡克中
　　　　　　　韩吉安　曹剑文　文　霞　杜　娟　关斯斯　陆青宁　朱国栋　阮争翔　王文斌

参编院校　江南大学　　　　　　东华大学　　　　　　浙江农林大学
　　　　　　　杭州电子科技大学　　中国计量大学　　　　浙江工业大学之江学院
　　　　　　　浙江工商大学　　　　浙江理工大学　　　　杭州万向职业技术学院
　　　　　　　南昌大学　　　　　　江西师范大学　　　　南昌航空大学
　　　　　　　江苏理工学院　　　　河海大学　　　　　　广东轻工职业技术学院
　　　　　　　佛山科学技术学院　　湖北美术学院　　　　武汉理工大学
　　　　　　　福州大学　　　　　　武汉工程大学邮电与信息工程学院

总 序
FOREWORD

仅仅为了需求的话，也许目前的消费品与住房设计基本满足人的生活所需，为什么我们还在不断地追求设计创新呢？

有人这样评述古希腊的哲人：他们生来是一群把探索自然与人类社会奥秘、追求宇宙真理作为终身使命的人，他们的存在是为了挑战人类思维的极限。因此，他们是一群自寻烦恼的人，如果把实现普世生活作为理想目标的话，也许只需动用他们少量的智力。那么，他们是些什么人？这么做的目的是为了什么？回答这样的问题，需要宏大的篇幅才能表述清楚。从能理解的角度看，人类知识的获得与积累，都是从好奇心开始的。知识可分为实用与非实用知识，已知的和未知的知识，探索宇宙自然、社会奥秘与运行规律的知识，称之为与真理相关的知识。

我们曾经对科学的理解并不全面。有句口号是"中学为体，西学为用"，这是显而易见的实用主义观点。只关注看得见的科学，忽略看不见的科学。对科学采取实用主义的态度，是我们常常容易犯的错误。科学包括三个方面：一是自然科学，其研究对象是自然和人类本身，认识和积累知识；二是人文科学，其研究对象是人的精神，探索人生智慧；三是技术科学，研究对象是生产物质财富，满足人的生活需求。三个方面互为依存、不可分割。而设计学科正处于三大科学的交汇点上，融合自然科学、人文科学和技术科学，为人类创造丰富的物质财富和新的生活方式，有学者称之为人类未来"不被毁灭的第三种智慧"。

当设计被赋予越来越重要的地位时，设计概念不断地被重新定义，学科的边界在哪里？而设计教育的重要环节——基础教学面临着"教什么"和"怎么教"的问题。目前的基础课定位为：①为专业设计作准备；②专业技能的传授，如手绘、建模能力；③把设计与造型能力等同起来，将设计基础简化为"三大构成"。国内市场上的设计基础课教材仅限于这些内容，对基础教学，我们需要投入更多的热情和精力去研究。难点在哪里？

王受之教授曾坦言："时至今日，从事现代设计史和设计理论研究的专业人员，还是凤毛麟角，不少国家至今还没有这方面的专业人员。从原因上看，道理很简单，设计是一门实用性极强的学科，它的目标是市场，而不是研究所或书斋，设计现象的复杂性就在于它既是文化现象同时又是商业现象，很少有其他的活动会兼有这两个看上去对立的背景之双重影响。"这段话道出了设计学科的某些特性。设计活动的本质属性在于它的实践性，要从文化的角度去研究它，同时又要从商业发展的角度去看待它，它多变但缺乏恒常的特性，给欲对设计学科进行深入的学理研究带来困难。如果换个角度思考也许会有帮助，正是因为设计活动具有鲜明的实践特性，才不能归纳到以理性分析见长的纯理论研究领域。实践、直觉、经验并非低人一等，理性、逻辑也并非高人一等。结合设计实践讨论理论问题和设计教育问题，对建设设计学科有实质性好处。

对此，本套教材强调基础教学的"实践性"、"实验性"和"通识性"。每本教材的整体布局统一为三大板块。第一部分：课程导论，包含课程的基本概念、发展沿革、设计原则和评价标准；第二部分：设计课题与实验，以 3~5 个单元，十余个设计课题为引导，将设计原理和学生的设计思维在课堂上融会贯通，课题的实验性在于让学生有试错容错的空间，不会被书本理论和老师的喜好所限制；第三部分：课程资源导航，为课题设计提供延展性的阅读指引，拓宽设计视野。

本套教材涵盖工业设计、产品设计、多媒体艺术等相关专业，涉及相关专业所需的共同"基础"。教材参编人员是来自浙江省、江苏省十余所设计院校的一线教师，他们长期从事专业教学，尤其在教学改革上有所思考、勇于实践。在此，我们对这些富有情怀的大学老师表示敬意和感谢！此外，还要感谢中国建筑工业出版社在整个教材的策划、出版过程中尽心尽职的指导。

叶丹　教授

2018 年春节

前言
PREFACE

Rhino 软件是一款专门用于三维造型建模的软件，被广泛应用于工业设计、建筑设计和三维动画制作等领域，它是以 NURBS 为内核的软件，以功能强大、专业性强但又小巧好用著称。其最大特点是平民化、人性化和专业化。平民化是指适合大部分设计师使用，价格相对便宜；人性化是指易学易用，操作界面简单，使用自由；专业化是指可以创建高品质曲面和精确建模，满足数字化加工要求，具有优秀的文件兼容性，支持 35 种文件保存格式和多样化插件支持。因此 Rhino 软件及与其配套的插件如 KeyShot、T-Splines 等在国内外工业设计等领域使用率较高，在国内工业设计相关专业院校中开设了 Rhino 课程的普及度较高。

在编者多年的计算机辅助工业设计教学经历中，很难找到比较适合于课程教学特点的教材，大部分教材内容安排方式是前面部分理论学习，后面部分案例分析与实例教学，使理论与实践脱节较严重。这样的内容布局与循序渐进式的教学进程无法很好地匹配，也与初学者由浅入深的学习特点不相符，因此哪怕课程中统一征订了教材，也基本被沦为参考书使用。本书根据日常教学的特点，基于翻转课堂教学模式，采用理论教学、案例分析与实践训练相结合，教师的讲与学生的练相互动，课内教学与课程视频辅助教学相配合，课程教学案例与网络教学平台资源相补充的模式。结合课程特点，书中除了辅助设计基本理论和软件基础命令学习之外，更加注重案例分析与实践训练，展开从初级到中级再到高级的阶梯式教学，逐级深入。通过以案例分析和实践训练为主线，展开对软件基础工具用法、参数特点、建模原理和建模技巧等知识点的学习，结合初级、中级和综合性设计实训，使理论知识的学习得以巩固。

本书编写团队拥有十多年教学经验的积累，已开展了多年的翻转课堂教学，整理了一套较为系统的教学资料，其中包括全套的基础工具实训教学案例，众多综合设计训练教学案例。录制了包括基础工具教学、初级操作教学、中级案例分析和综合案例分析等视频文件，这些教学案例和视频资源融合了主要理论知识的学习，其中选编了部分以课件形式与本书配套。

本书历经一年的编写，由多位教学经验丰富的专业教师参与编撰，在此感谢王军、林幸民、赵若秩几位老师对编写本书付出的努力，感谢林顾然、朱军、陈姝颖、王雯藜、王娟、吴晶晶、王辰宇和朱晶蕾同学的支持。另外，本教材运用了两项教改项目的部分成果，包括 2016 浙江省教育厅课堂教学改革项目《基于 spoc 的计算机辅助设计课堂教学改革》（课题编号 KG20160220）和 2016 杭州电子科技大学《基于 MOOCs/SPOC 的翻转课堂改革项目——计算机辅助工业设计》。

张祥泉
2018 年 6 月

课时安排
TEACHING HOURS

■ 建议课时 64

课程	具体内容	课时
课程导论 （10 课时）	计算机辅助工业设计基本概念	2
	Rhino5 简介	
	Rhino5 基础入门	2
	曲面建模基础知识	6
	渲染基础知识与技术	
计算机辅助工业设计实训 （51 课时）	LeveL1　三维建模基础操作与初级案例训练	30
	LeveL2　三维建模中级实践训练	12
	LeveL3　三维建模综合实践训练	9
	KeyShot 渲染实践训练	
课程资源导航 （3 课时）	经典材质及场景渲染效果图分析	3
	国内外优秀三维建模渲染设计作品赏析	
	优秀学生建模作品解析及常见问题分析	
	与本课程配套的网络平台资源导航	

目 录
CONTENTS

01

第 1 章　课程导论

第1章 课程导论

1.1 计算机辅助工业设计基本概念

计算机辅助工业设计 CAID（Computer Aided Industrial Design）是一个较常用的专业名词，是以现代信息技术为依托，以数学化、信息化为特征，计算机参与新产品开发研制的设计方式。其目的是提高效率，增强设计的科学性、可靠性，并适应信息化的生产制造方式[①]。计算机辅助工业设计是面向工业设计细分领域，应用计算机辅助设计的方法和手段开展设计工作的一种设计方式，其发展历程与 CAD 技术的发展也是密不可分的。20 世纪 90 年代以来，CAD 技术产生了像 PTC 公司的 Pro/Engineer 一样的参数化造型理论和 IDEAS 为代表的变量化造型理论，形成了基于特征的实体建模技术，使计算机辅助设计上了一个崭新的台阶。计算机辅助工业设计正是在这样一个大背景下得以发展成熟，并深深地影响着全社会的产业化、信息化进程。

计算机辅助工业设计提升了工业设计效率，丰富了设计表达方法，促进设计更加高效、精确、多样化地进行设计表达和实现。运用辅助设计软件，可以真实地表现产品造型设计效果，让设计人员自由充分地发挥创意，提升效率，将更多的精力专注于创作中。

计算机辅助工业设计具有以下一些基本特点：系统性、逻辑性、准确性、高效性和交互式。计算机的软件是一个系统，其自身都有一个非常严密的结构，缺一不可。操作计算机的过程是在这些系统的运行中完成。一旦某个环节出现问题，整个工作就将受影响，所以系统性是计算机辅助设计的首要特性。逻辑性是计算机工作的本质特征，计算机开展工作本质上是一种逻辑运算，任何一个动作都要通过接受指令、高速运算来完成。这促使人们在操作计算机时必须按严格的顺序一步步操作，不能省略、不能颠倒、不能有跳跃性。所以学习计算机辅助设计要培养严谨的逻辑思维习惯。计算机的工作方式具有高度的准确性。只要软件正常，它的运算结果就会根据设定的条件得到绘图的尺寸，可以精确到小数点后若干位。这样就大大提高了三维建模的准确性和可靠性，为后面的生产制造创造了必要的条件。计算机辅助工业设计可以大大提高工作效率。尤其可以通过快速的方式完成很多重复性的工作。尤其随着网络化的普及，设计工作可由不同的人、不同的计算机同时共同协作完成，这样就大大缩短了项目开发周期。交互式是指人与计算机之间通过相互交换信息进行互动，在互动过程中完成工作。在此，人的判断、决策、创造能力与计算机的高效信息处理技术得到了充分的结合，所以交互式是计算机辅助设计的主要形式特征[①]。

目前在工业制造业领域的开发设计、生产制造和展示仿真等不同环节，计算机辅助设计有着不可替代的地位，运用计算机辅助设计可以开展数字化建模、数字化装配、数字化评价模拟仿真、数字化制造和数字化信息交换等工作，因此对于现代制造业而言，计算机辅助设计有着举足轻重的作用。尤其随着未来产业信息化和自动化的深入发展，计算机辅助设计已演变成了基础性的工具。

根据软件的用途和原理的差异，计算机辅助设计三维软件包括 CG 类、CAD/CAID 和 CAM 几大类，其中 CG 类主要是以 3ds Max 和 Maya 为代表的软件，其中 Polygon 是其较为主要的建模方式，造型自由，方便生成复杂曲面和有机曲面，较多地应用于三维建模、动画制作，以及应用于电影、电视、游戏和动画等领域。CAM 类是以 ProE、Solidwork 等为代表的工程软件，其主要以参数化、特征建模和实体造型为基础，设计参数化、特征建模精确方便、支持数控加工是其基本特点。这些软件中，不少软件属于 CAD/CAM/CAE 一体化的三维软件，功能强大、模块多、应用领域广泛，因此不能将其完全定义为 CAM 类软件。CAD/CAID 类主要包括 Alias、Rhino 和 Solid Thinking 等软件，其主要特点是造型自由，基于 NURBS 原理，方便创建复杂曲面，有的软件支持参数化设计，可以与工程软件相结合，输出工程文件供后续加工制造。本课程主要以 Rhino5 为蓝本进行学习，其中穿插部分自由曲面工具 T-Splines 的基础知识介绍。

---

① 引自《计算机辅助工业设计》精品课程，作者：孙守迁、彭韧，浙江大学。

1.2 Rhino5 简介

1.2.1 初识 Rhino5.0

Rhino（Rhinoderos，犀牛）是美国 Robert McNeel & Associates 公司开发的功能强大的三维建模软件，它被广泛应用于工业设计、建筑设计、机械设计及珠宝首饰设计等领域。Rhino 拥有强大的三维建模功能，界面简洁，操作人性化，对于准确快速地表现复杂自由曲面具有强大优势，是专业从事工业级三维造型人士的强大工具。从 1998 年起，Rhino 发展经历了从 Rhino1.0、Rhino2.0、Rhino3.0 到 Rhino4.0 版本，直至发展到目前使用的 Rhino5.0 版本，本书以 Rhino5.0 版本为主进行学习。

1.2.2 操作界面简介

Rhion5.0 界面主要由标题栏、菜单栏、主工具栏、侧工具栏、指令栏、工作视窗、状态栏和对话框组成（图1-1）。

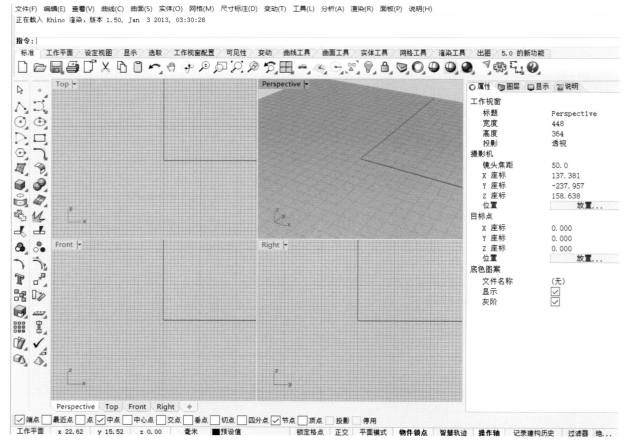

图 1-1　Rhino5.0 界面

1. 标题栏与菜单栏

标题栏位于界面顶部，主要显示软件图标和文件名称等。

菜单栏位于标题栏下方，包含"文件""编辑""曲线""曲面"等 14 个下拉菜单，在菜单栏中，大部分工具都可以在相应的列表中找到。

知识链接：每个工具名称旁边括号中都有一个字母，这是该命令快捷键。在有些命令右侧，有方向箭头，表示可以展开更多的相关命令。

2. 指令栏

指令栏包括命令历史记录和命令输入两部分，主要用于命令输入、执行步骤提示和参数选择，对于命令的执行具有指示作用。

其主要用法包括：

1）文字命令输入。显示当前命令执行状态，提示下一步操作、参数选择、输入数值，显示命令的执行结果。可以用英文的方式直接输入命令或命令首写字母，会弹出与之相关的命令列表供选择。

2）命令使用记录。在命令提示行空白处任意单击鼠标右键（图1-2），可以显示刚使用过的命令执行记录列表，可以从列表选择任一命令进行调用。

图1-2　命令提示栏

3）隐藏命令。有些命令只能通过命令栏来执行，例如隐藏命令或外挂插件命令。

3. 工具栏

工具栏主要分为主工具栏和侧工具栏，主要的操作命令图标都在这两个工具栏中，主工具栏包括几个不同模块，可以进行选择切换，调用不同类型命令列表，包括"标准""工作平面""设定视图""显示"和"可见性"等工具选项卡。

4. 工作视窗

工作视窗是 Rhino 用于操作的主要工作区域，占据了工作界面的大部分空间，标准视窗显示为四个视窗 Top（顶视图）、Front（前视图）、Right（右视图）和 Perspective（透视图）。

5. 状态栏

状态栏主要显示当前坐标、捕捉、图层和建模辅助等信息（图1-3）。系统中有两种坐标系统，分别是【世界】坐标系和【工作平面】坐标系，可以在左侧相应【世界】和【工作平面】位置单击进行切换，移动鼠标可以显示当前光标所处的 x，y，z 坐标位置。

【图层管理】：通过单击该图标，可以弹出图层快捷面板，通过该面板可以进行图层切换和编辑等操作。

【光标状态】：显示当前光标的 x，y，z 坐标位置。

建模辅助：建模辅助中包括【物件锁定】、【历史记录】、【智慧轨迹】、【过滤器】与【操作轴】开关。

【锁定格点】：主要用于绘图时锁定工作平面格点，从而限制光标在网格点上移动，以使绘图锁定在网格点位置，按 F9 键可以开关锁定格点模式。

【正交】：打开正交模式，可以将光标运动方向限制在水平和竖直两个方向，从而使绘图锁定在水平或竖直方向，按住 Shift 键可以打开正交。

【平面模式】：打开时，可以让光标锁定在初始绘图所在的工作平面上，并使物件保持在该工作平面。

【物件锁点】：物件锁点功能也称为捕捉功能，光标移至锁定点附近时，光标会自动吸附至锁定点上。状态栏中物件锁点工具是以选项的形式提供捕捉功能，因此启用选项可以开启捕捉功能。主要的捕捉选项有端点、最近点、中点、中心点、交点、切点、四分点、垂点、节点、投影等，可以选择停用、关闭所有选项。

　　知识链接：在任何一个选项中右键单击可以选择所单击的选项同时关闭其他选项。

图 1-3　状态栏

6. 图形面板

在工作视窗右侧区域是图形面板，默认设置有"属性""图层""显示"和"说明"，如图 1-4 所示。

【属性】面板：一般未做任何选择的情况下，该属性面板显示的是工作视窗属性内容，包括标题、视图高度和宽度、投影和镜头焦距等。在选择物件对象时，显示的是物件属性，主要有物件基本属性、物件材质、贴图轴和印花子面板。

【材质】子面板：设置物件的渲染材质，可以对物件的颜色、透明度、反光度等进行设置，在物件方式下，可以设置渲染材质的颜色、透明度、光泽和反射等基本属性（图 1-5、图 1-6）。

图 1-4　属性面板

图 1-6　材质面板 2

图 1-5　材质面板 1

【图层】面板：图层是管理物件对象的有效工具，对物件进行分类管理，便于对象分类显示、锁定和编辑。如图 1-7 所示，在图标下方有一列编辑工具，可以对图层进行创建、编辑和更改。

包括〈新建图层〉、〈新建子图层〉、〈删除图层〉、〈上移图层〉、〈下移图层〉、〈上移父图层〉、〈图层过滤器〉、〈工具选项〉等，这些工具可以有效地对图层进行增减移动，在图层面板中还有属性栏目，包括图层名称、颜色开关和锁定等。

图 1-7 图层面板

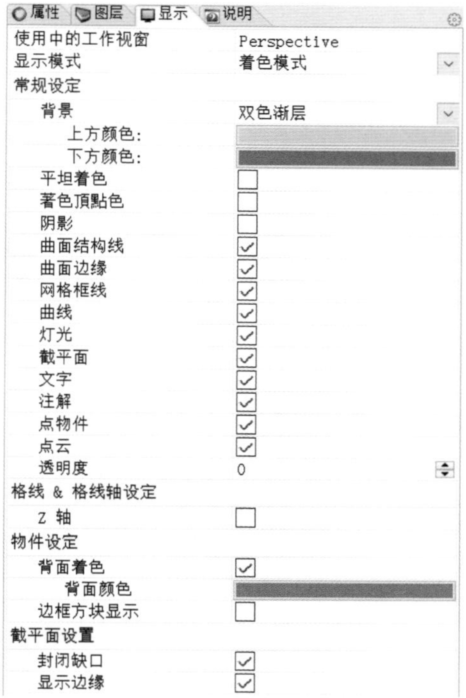

图 1-8 显示面板

【显示】面板：主要用于设定显示模式的相关显示属性，如图 1-8 所示，可以设定着色方式、曲线结构线、曲面边缘等开关。通过此面板可以自由设定每种显示模式下的显示内容（注：也可在【选项】⚙ 中设置）。

〈使用中的工作视窗〉：显示正激活的工作视窗名称，如 Top 或 Perspective。

〈显示模式〉：显示正激活的工作视窗的显示模式。

〈常规设定〉：主要进行显示属性设置，可以对物件的着色、显示内容等进行设置。

【说明】面板：主要用于显示工具使用状态时，对该工具的使用方法进行说明和演示，其功能类似于工具指南。

1.3 Rhino5 基础入门

打开软件后，我们可以通过鼠标或键盘的方式进行各种选取、拖移和缩放操作，如通过左键单击可以进行选取，通过滚轮可以进行视图缩放。

1.3.1 文件打开与保存

打开与保存三维文件是三维建模的基本步骤，通过单击菜单栏：文件＞保存，在弹出的对话框中输入文件名称，单击保存即可。通过单击菜单栏：文件＞打开，弹出对话框，选择相应文件打开。默认的保存文件格式是 3dm 格式，单击另存为或导出物件则可以将文件保存为其他格式，如 STEP、IGES 和 AI 等。

1.3.2 鼠标用法

Rhino 中鼠标的用法较灵活，其左、中、右键在不同情况下都有不同用法，具体如下。

1. 左键

1）单击：选择功能。

2）长按移动：框选对象。

3）双击视图标题：切换工作视窗大小。

4）长按带白色小三角形命令图标：显示隐藏命令图标。

2. 右键

1）（指令区）单击：显示刚操作过的命令。

2）（视图区）单击：调用刚刚执行过的命令。

3）命令操作过程中：代替回车键。

4）（视图区）长按移动：平移或旋转视图。

5）单击右键：在界面的有些空白区域单击鼠标可以弹出相应的命令列表。

3. 中键

1）滚动：视图大小缩放。

2）单击：调用快捷命令集。

1.3.3 视图操作与视图显示模式

1. 视窗操作与设置

1）视图平移：通过单击标准工具栏的【平移】🖑 命令，在视图中按住鼠标左键拖拽鼠标光标平移视图，按住鼠标右键拖拽也可平移。针对透视图（Perspective）可以按住 Shift 键，并按住鼠标右键拖拽，也可平移视图。

2）视图缩放：通过单击【动态缩放】🔍 命令，在视图中按住鼠标左键拖拽鼠标缩放视图，快捷键是"Ctrl+右键"，或滚动鼠标中键也可缩放视图。

3）视图旋转：通过单击【旋转】⟲ 命令，可在视图中按住鼠标左键拖拽鼠标旋转视图，也可在透视图中按住鼠标右键旋转视图，在平行视图中按住鼠标右键平移视图。

4）视窗切换：可以通过单击每个视窗标签右侧的小三角形图标，打开下拉命令列表，如图 1-9，选择设置视图选项下的任一视图选项即可。

5）视窗大小切换：在作图中需要频繁切换不同视图进行操作，通过双击视图图标可以将工作视图在最大化与原始大小之间切换，在工作视窗配置工具列表中，可以通过相关命令进行视窗切换和更改，包括【三个工作视窗】、【四个工作视窗】、【视窗最大化】等命令。另外按"Ctrl+Tab"可以在几个视图之间进行切换，按"Ctrl+F1""Ctrl+F2""Ctrl+F3""Ctrl+F4"分别对应切换到【Top】顶视图、【Front】前视图、【Right】右视图、【Perspective】透视图。

6）视图比例调整：将鼠标放在四个视窗中间交界位置，当鼠标变为四向方向键时，按住鼠标左键拖拽可以改变视窗大小比例。

2. 视图显示模式

工作视窗可以根据作图需要设置不同的显示模式（图1-10），Rhino5.0中常用的显示模式包括线框模式、着色模式、渲染模式、半透明模式、X光模式、工程图模式、艺术风格模式、钢笔模式等八种模式。

1）线框模式：以线框的形式显示物件，物件线型可以设置粗细和颜色等属性。

2）着色模式：在线框的基础上对曲面等物件进行着色，能够显示物件造型特征。

3）渲染模式：对物件进行着色渲染，赋予物件更精细的材质，比如透明度、光泽、色彩和贴图等。

4）半透明模式：在着色模式的基础上增加透明度，可以隐约看到被遮挡的对象。

5）X光模式：半透明模式基础上变成全透明，尤其是线框显示更加清晰。

6）视图显示模式设置：可以设置视图显示模式属性，包括视图背景颜色设置，着色设置可以设置着色方式。

7）物件显示属性设置：打开【设置物件的显示属性】⊕，可以单独设置每个物件的显示属性，其显示模式可以不受工作视窗显示模式的影响。在命令提示栏中，可以看到参数：模式（M）= 使用视图设置，单击选取，展开可供选择的显示模式，选择一种显示模式，在切换显示模式时该物件不受显示模式影响，如图1-11。

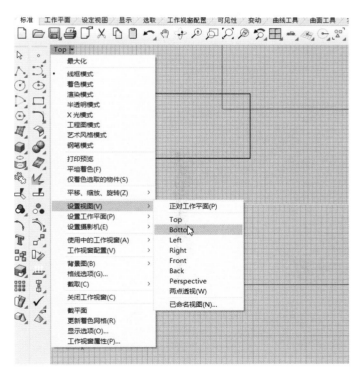

图1-9 视图切换1

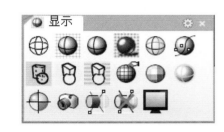

图1-10 显示工具面板

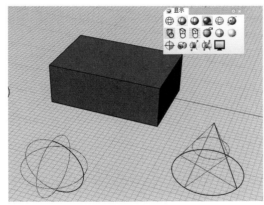

图1-11 视图切换2

1.3.4 操作环境配置

1. 渲染设置

〈解析度与反锯齿〉：主要设置渲染视图大小和分辨率，常规为 640×480，默认 Dpi 为 72，抗锯齿数值为标准 2X，为了提高视图渲染的显示精度可以将 Dpi 提高。

〈环境光〉：主要设置渲染灯光环境颜色，默认为黑色。

〈背景〉：渲染背景可以设置为单一颜色、渐层变化颜色和预设置的环境贴图，也可以设置为透明背景。

2. 系统单位设置

〈模型单位〉：主要设置模型的基本单位，方便于各类软件之间的数据转换。

〈绝对公差〉：默认数值为 0.01，也叫单位公差，就是为尺寸制定的误差容许限度值，两个物体的坐标差小于公差则视为坐标相等，位置重合。

〈相对公差〉：以百分制为单位，默认是 1%，与绝对公差类似，判断方式为相对值。

〈角度公差〉：以度为单位，默认是 1°，设置某些命令使用的角度公差，在创建或修改对象时，角度误差值会小于角度公差。

〈距离显示（制式）〉：分别为十进制和分数制，推荐使用十进制。

〈显示精确度〉：可以设置小数点后保留的位数，推荐与系统绝对公差保持一致。

3. 显示网格设置

主要设置显示和渲染时物件的显示质量，Mesh 的作用是将 Rhino 的曲面模型转化为多边形，用于显示和渲染，如图 1-12 所示。这些设置不会改变模型本身的质量，主要影响视窗中显示的平滑度和精细度。默认的设置参数为 Jagged & Faster（粗糙较快），该选项的显示精度较低，有时为了提高网格显示精度，将其设置为 Smooth & Slower（平滑较慢）或者 Custom（自定义）。自定义分为简易设置和进阶设定，简易设置通过设置一个参数来控制显示精度，进阶设定则对网格面从不同属性参数进行设置。

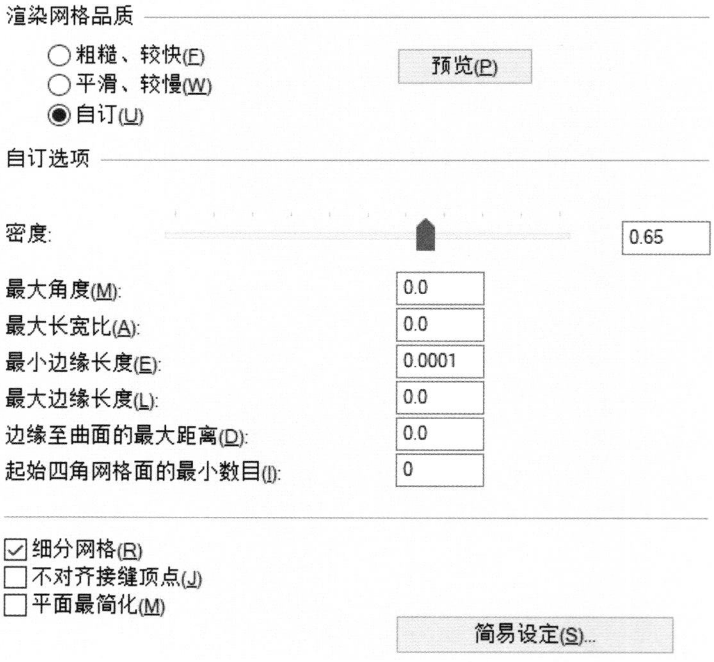

4. 格线

格线是建模过程中用于尺度参考使用的，可以对其进行个性化的设置。

〈格线属性〉：总格数、子格线间距、主格线间距可以分别设置，一般子格线设置为 1 个单位，主格线间距为 5 个单位。格线、格线轴和坐标图轴的显示可以进行开关设置，如图 1-13 所示。

5. 工具列设置

在工具列表中，通过勾选相应工具选项，可以打开或关闭工具栏，如图 1-14 所示。通过选择面板中：编辑 > 新增工具列，可以新建新的自定义工具列。

此外还可以自定义工具面板，如图 1-15 所示，在工具列选择中选择：编辑 > 新增工具列，在弹出的对话框

渲染网格品质
○ 粗糙、较快(F)   预览(P)
○ 平滑、较慢(W)
◉ 自订(U)

自订选项

密度: 0.65

最大角度(M):   0.0
最大长宽比(A):   0.0
最小边缘长度(E):   0.0001
最大边缘长度(L):   0.0
边缘至曲面的最大距离(D):   0.0
起始四角网格面的最小数目(I): 0

☑ 细分网格(R)
☐ 不对齐接缝顶点(J)
☐ 平面最简化(M)

简易设定(S)...

图 1-12 显示网格设置

中（图 1-16）可以定义工具列名称及其他显示属性。我们可以在工作视窗中看到新增的工具面板"我的工具包"（图 1-17），可以使用"Ctrl+ 鼠标左键"复制其他工具面板中的工具图标至"我的工具包"工具面板中。

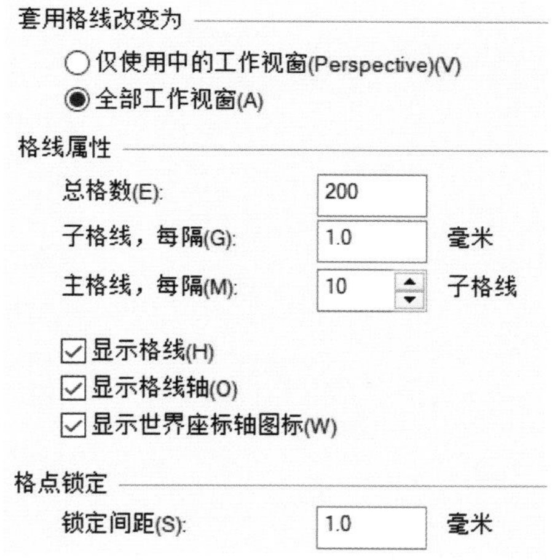

图 1-13 格线设置

图 1-14 工具列设置

图 1-15 新增工具列

图 1-16 工具列群组

图 1-17 新增工具包

1.4 曲面建模基础知识

1.4.1 NURBS 简介

　　Rhino 采用的是 NURBS 曲面建模为主，NURBS 是"非均匀有理样条曲线"（Non-Uniform Rational B-Splines）的缩写，这是一种用数学表达式来描述曲面的方法，具有极高的精度。Non-Uniform（非统一）：是指一个控制顶点的影响力的范围能够改变，当创建一自由曲面时候这一点非常有用。Rational（有理）：是指每个 NURBS 物体都可以用数学表达式来定义。B-Spline（B 样条）：是指用路线来构建一条曲线，在一个或更多的点之间以内插值替换。简单地说，NURBS 就是专门做曲面物体的一种造型方法。

　　相对于 NURBS 物体，在 Max 等 CG 软件中经常使用的是多边形曲面，多边形曲面是由许多三角面或四角面构成的物体。如图 1-18 的两个球体，其构成原理是完全不同的。NURBS 曲线和曲面具有以下一些特点，NURBS 可以精确描述标准的几何图形和自由造型曲面，而且相比多边形曲面，其数据较小。在主要的 CG 软件、工程软件和工业设计软件中，普遍都使用了含有 NURBS 几何图形的标准，因此使用 NURBS 标准创建的模型通用性较高，可以很方便地在不同软件之间进行数据转换。

　　NURBS 可以表现出 3-D 的几何物体。NURBS 可以很精确地描绘出大部分的几何模型，如线段、圆、椭圆、球体、环形，包括车体和人体等复杂自由曲面模型。

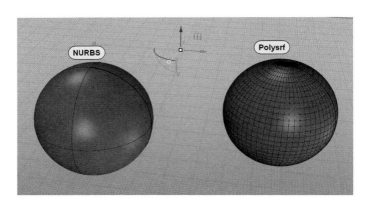

图 1-18　NURBS 曲面与网格面

1.4.2 NURBS 曲线分类与特性

　　一条 NURBS 曲线中有 3 个重要的定义项目：Degree 值、Control Points 控制点、Knots 节点。

1. 曲线的阶数（Degree）

　　Rhino 中的曲线和曲面都有阶数，它关系到曲线的类型，如绘制直线、圆弧线和自由曲线时需设置不同的阶数，阶数是可变的，曲线阶数的值是一个正整数。这个值通常为 1、2、3 或 5。Rhino 的线段和复合线段的阶数值为 1。圆阶数的值为 2，而大部分 Rhino 的自由曲线的阶数值为 3。Rhino 所使用的 NURBS 曲线的阶数值可以设置从 1~32。Degree（度数）值越高曲线越圆滑，但计算时间也越长。可以自由地设定 NURBS 曲线的 Degree 的值，从 1~32。改变 NURBS 曲线的 Degree 的值，可能会影响到 NURBS 曲线的形状。减少 Degree 值会影响到 NURBS 曲线的形状，相反，增加则不会影响。通过曲线工具中【重建曲线】🏃 和【更改阶数】🥾 都可以改变曲线阶数。一般 1 阶曲线为直线，2 阶曲线为弧线，3 阶及以上曲线为自由线，反映在控制点上更为直接的是控制点数的增加。

2. Knots 曲线节点与 Control Vertex 控制点

1）控制点

控制点也叫控制顶点（Control Vertex，简称 CV）。控制点是 NURBS 基底函数的系数，对于开放的曲线，曲线需要的控制点最少数目与阶数的关系为阶数加 1。通过移动控制点或改变控制点数目可以改变曲线的形状。控制点都有相应的权值，自由曲线的权值一般为 1，通过改变权值也可以改变曲线权值。当一条曲线上所有的控制点都有相同的权值时，称为非有理曲线，反之称为有理曲线。大部分 NURBS 曲线是非有理的，比如一般的自由曲线，但有些曲线永远都是有理的，比如圆和椭圆。

（Control Points）控制点的数量最少是 Degree+1 个点，如图 1-19 所示，对于最简曲线，阶数每增加 1 阶，控制点相应增加 1 个。改变 NURBS 曲线最简单的方法：移动控制点（Control Points），改变 Control Points 的权重（Weight）。

2）节点

节点是曲线上记录参数值的点，是由 B-Spline 多项式定义改变的点，曲线上的节点是两段曲线拼接的连接点，通过节点可以知道曲线是由几段分段曲线连接而成的。2 阶曲线段在节点处切线连续，3 阶曲线在节点处是曲率连续。通过曲线生成曲面时，曲线的节点就是曲面结构线所在的位置，因此通过结构线可以大致判断出节点的位置。

在除数不变的情况下，每增加一个控制点将增加一个节点，如图 1-20 所示，节点越多曲线光顺度越差。

3）曲线的连续性

连续性是非常重要的概念，Rhino 中很难用一条曲线或一个曲面去表达复杂的造型，因此必须由多段曲线或多个曲面去拼合而成复杂的造型，因此作为一个完整的造型，就需要使各个拼接曲线或曲面之间保持良好的光顺性和一致性，这种光顺性就是曲线（曲面）的连续性。一条连续的曲线是不间断的。曲线的连续性可以分成基本的 3 种：G0（位置）、G1（相切）、G2（曲率），如图 1-21 所示。除此之外还可以设置 G3 和 G4 连续，因此连续性具有不同级别，一条曲线有一个角度或尖端，它的连续是 G0。一条曲线如果没有尖端但曲率有改变，也

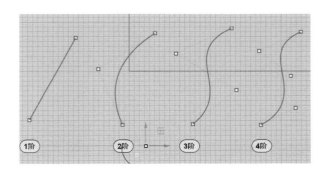

图 1-19 曲线阶数与控制点的关系

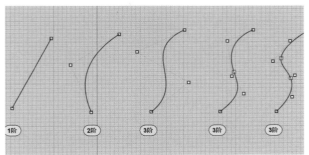

图 1-20 曲线节点与控制点及阶数的关系

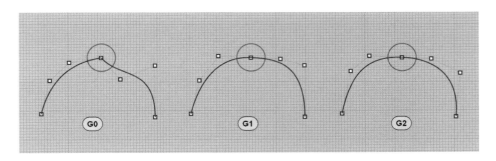

图 1-21 曲线的连续性

即曲线的切线方向保持连续地变化，但曲率在某个位置突然发生改变，这条曲线的连续性是 G1。如果一条曲线的切线方向是连续变化的，同时曲率也保持连续变化，这条曲线的连续性是 G2。连续性和阶数是有关系的。

　　知识链接：一个阶数为 3 的等式能产生 G2 连续性曲线。一条曲线可以有较高的连续性，但对于计算机建模来说，这三个级别已经够了。通常眼睛不能区分 G2 连续性和更高的连续性之间的差别。

1.4.3　曲面分类与特性

1. NURBS 曲面特性

NURBS 曲面三大特性：方向性、连续性和扭曲性。

　　曲面方向性：指 NURBS 曲面是有 U 和 V 两个方向构成，由此形成了曲面的四边性，如图 1-22。在创建曲面时需要考虑到曲面的双向性，因此在构建曲面的条件曲线时，就需要考虑曲线之间相对位置和形状。尽可能使曲线排列成规则有序的形状才能生成较好的曲面。通过分析工具【分析方向】 ➤ 可以调整曲面 U 和 V 方向（图 1-23）。

　　由于曲面具有双向性，因此其同时也具有四边性特征，即所有曲面本质上都是有四条边的，四边性是曲面的标准结构。当然很多时候我们看到的曲面并非典型的有四条边，这些情况常见的有（图 1-24、图 1-25）：

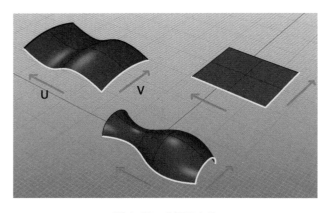

图 1-22　曲面双向性

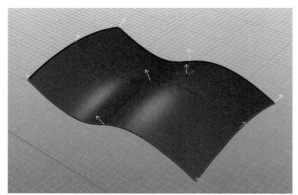

图 1-23　曲面方向性

　　1）三边曲面：实际上是一条边上全部收敛为一个点（边长为 0）的四边曲面。

　　2）周期曲面：通常使用封闭曲线生成，是四边面的两条边对接重合的结果。

　　3）圆锥曲面：可以看作是两边重合的三边曲面；也可以看作是一条边长为 0 的周期曲面。

　　4）球曲面：两条边长都为 0 的封闭周期曲面。

　　上述特殊曲面其曲面边缘仍然为 4 条，只不过有些边缘线收缩成了一个点，我们称之为收敛点，有些是两条边缘重合在一起。

　　曲面连续性：指曲面与曲面之间相互连接时存在的连接状态，包括三种连续性：G0（位置）、G1（相切）、G2（曲率），连续级别越高，曲面光顺度越好（图 1-26），曲面连续性可以用【斑马纹分析】 ◢ 进行检测（图 1-27）。

　　曲面扭曲性：指曲面与曲面之间为保证连续性，需要通过扭曲变形来达到。曲面有了扭曲性，可以让我们自由地调整曲面形状，为曲面复杂性和多样性创建了条件。

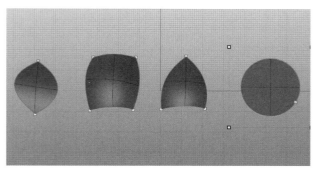

图 1-24　各种曲面的边缘 1

图 1-25　各种曲面的边缘 2

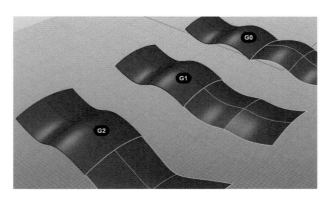

图 1-26　曲面连续性

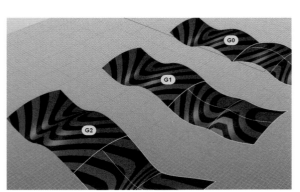

图 1-27　斑马线检测连续性

2. 曲面要素

曲面的六大要素包括：CV 点、结构线、边缘线、权重、阶数和法线。

曲面 CV 点：用于控制曲面形状的曲面控制点，可以自由地控制和改变曲面形状，与曲面 U 和 V 方向对应着的两个方向的控制点。

曲面结构线：又称 ISO 线或等参线，反映的是面的控制点和结构线分布及方向，进而体现曲面结构和复杂度，反映曲面质量。曲面与曲线在结构上有高度相关性，曲面结构线分布与曲线节点位置直接相关，自由曲面中有节点的地方一般就有结构线。曲线控制点也影响着生成曲面的控制点数量和分布。如图 1-28、图 1-29 所示，左图为条件曲线控制点和节点，右图为生成曲面的控制点和结构性，两者位置完全重合。

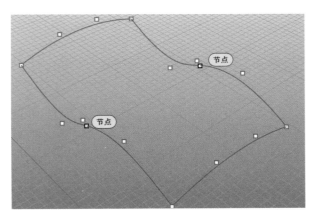

图 1-28　曲面节点

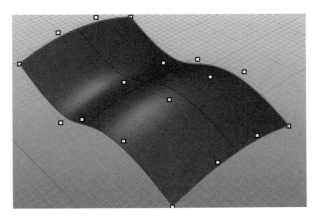

图 1-29　曲面控制点

　　边缘线：指曲面边缘线，是曲面的边界，边分为原生边和剪切边。原生边是曲面所固有的四条边界，剪切边是通过剪切得到的边缘线。标准的 NURBS 曲面具有 4 条原生边，从而构成标准的四边曲面。边既有面的特性又有曲线的特性，曲面边可以直接作为条件曲线用于曲面的创建，当使用曲面边作为条件曲线进行双轨扫描或网线建曲面时，曲面边处可以设置曲面连续性，如图 1-30、图 1-31 所示，因此曲面边具有线和面的双重属性。

　　还有其他三个要素包括：权重、阶数与法线。曲面权重与阶数皆与曲线相似，每个控制点都可以设置权重，权重的调整可以改变曲面形状。曲面阶数有 U 和 V 两个方向，可以分别设置，阶数对曲线形状及控制点数量都有影响。

　　法线与曲面保持垂直关系，显示在曲面的正面，方向朝外，通过法线判断曲面的正反面，法线的反方向即为曲面背面。通过分析工具【分析方向】▱▱▱ 可以显示出曲面法线方向，并可以反转法线方向。

　　知识链接：有时为了判断一个实体是否封闭，可以通过【分析方向】▱▱▱ 工具尝试反转法线方向，如果法线方向不能反转，则实体为封闭，否则为开放的曲面。

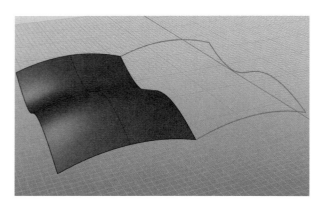

图 1-30　曲面边缘 1

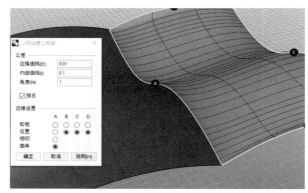

图 1-31　曲面边缘 2

1.5　渲染基础知识与技术

1.5.1　渲染基本概念与基础知识

1. 常用渲染软件简介：KeyShot6.0，Vray for Rhino

1）什么是效果图

效果图类似于现实中对场景拍摄照片的效果，所不同的是效果图需要运用计算机，通过软件来制作虚拟场景后，通过渲染来完成效果图的"拍摄"。其与现实拍摄相同的是在制作效果图时需要把握好基本的美学知识，这样才能制作出色彩、光影都具有吸引力的效果图。

2）常用渲染软件简介

（1）VRay 渲染器

VRay 渲染器是保加利亚的 Chaos Group 公司开发的一款高质量渲染引擎，主要以插件的形式应用在 3ds Max、Maya、SketchUp、Rhino 等软件中。由于 VRay 渲染器可以真实地模拟现实光照，操作简单，可控性也很强，因此被广泛应用于建筑表现、工业设计和动画制作等领域。

（2）KeyShot 渲染器

KeyShot 意为"The Key to Amazing Shots"，是一款基于 LuxRender 引擎开发的、互动性的光线追踪与全域光渲染程序，无需复杂的设定即可产生相片般真实的 3D 渲染影像，是目前比较流行的渲染软件之一。本章节将介绍渲染相关的基础知识和 KeyShot 的参数含义及使用方法，这在工业设计领域运用较多。KeyShot 最大优势是它的实时渲染功能，也就是在画面中可以随时 360° 无死角地预览渲染产品的大致效果。

2. 渲染基本要素与基本概念：渲染材质、渲染灯光与贴图、相机与渲染角度、渲染输出

渲染基本概念：渲染是模拟物理环境的光线照明、物理世界中物体的材质质感来产生较为真实的图像的过程，目前流行的渲染器都支持全局光照明、HDRI 等技术。而焦散、景深、3S 材质的模拟等也是比较关注的要点。

全局照明（Global Illumination，GI）是高级灯光技术的一种（还有一种热辐射，常用于室内效果图的制作），也叫作全局光照、间接照明（Indirect Illumination）等。灯光在碰到场景中的物体后，光线会发生反射，再碰到物体后，会再次发生反射，直到反射次数达到设定的次数（常用 Depth 来表示），次数越高，计算光照分布的时间越长。利用全局照明可以获得更好的光照效果，在对象的投影、暗部不会得到死黑的区域。

1.5.2　渲染技术

1. KeyShot 界面简介

KeyShot 的操作界面非常简单易用，整个工作界面一目了然，而不像其他渲染软件一样有相当多的菜单和命令。只要稍有渲染软件使用基础的用户，就可以很快掌握其使用要领；即使是没有渲染软件使用经验的用户，在学习时也不会有太多的困扰，因为 KeyShot 的界面非常简洁，参数设置非常简单。如图 1-32 所示，为 KeyShot7 的启动画面，现在场景中还没有任何对象，需要导入模型文件。

图 1-32 KeyShot7 启动画面

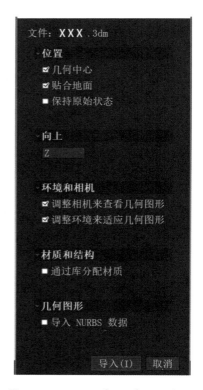

图 1-33 KeyShot【导入】设置对话框

2. 导入模型文件

将 3D 文件导入 KeyShot 有以下两种方式:

1)在 KeyShot 中选择导入模型来实现

单击KeyShot操作界面下部的"导入" 按钮,或者执行【文件】>【导入】命令,弹出如图 1-33 所示的 KeyShot【导入】设置对话框。对话框中常用选项含义如下:

【几何中心】:当勾选该复选项时,会将导入的模型放置在环境的中心位置,模型原有的三维坐标会被移除。未勾选时,模型会被放置在原有三维场景的相同位置。

【贴合地面】:当勾选该复选项时,会将导入的模型直接放置在地平面上,也会移除模型原有的三维坐标。

【方向】:不是所有的三维建模软件都会定义相同的向上轴向。根据用户的模型文件,可能需要设置一下与默认【Y 向上】不同的方向。

2)KeyShot 开发给各个软件的接入端口。

从接口导入文件很方便,在 2.0 版本中,从 Rhino 中导入模型时无法设定网格(Mesh)的精度,会带来许多问题,如破面或渲染产生灰色斑痕,因此在模型文件导出前需手工转换曲面为网格。

在使用 Rhino 接口导出模型文件时,需要将不同材质分配在不同图层,还要设定每张图或每个图层的导出精度。

3. 【项目】面板

单击 KeyShot 软件界面下方【项目】 按钮，或者使用快捷键【空格】，弹出如图 1-34 所示的【项目】面板。模型文件场景中的任何更改都可以在这里完成，包括复制组件、编辑材质、调整灯光、相机等操作。

1)【场景】选项卡

如图 1-35 所示为【项目】面板下的【场景】选项卡，在这里可以显示场景文件中的模型、相机和动画等，可以添加动画。在【场景】选项卡下还有【属性】【位置】【材质】等选项。从 Rhino 中导入的模型会保留原有的层次结构，这些层次结构可以通过单击"十"图形来展开。被选中的部件会以高亮显示（需要在首选项中激活该选项）。单击 图标可以显示或者取消显示模型。在模型名称上单击鼠标右键，弹出快捷菜单可以对选中模型进行编辑。

在场景树中选中模型后，可以对模型进行平移、旋转、缩放等操作，也可以输入数值。【贴合地面】选项可以将模型贴合到地面；【中心】选项可以将模型移动到场景中心；【重置】选项可以将模型恢复到最初始的状态。

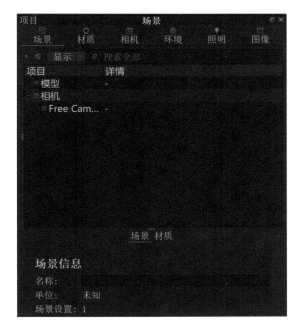

图 1-34 【项目】选项卡

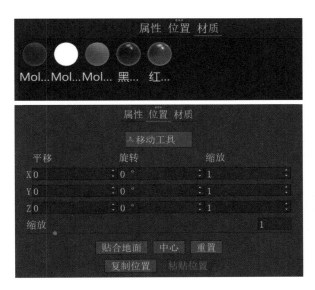

图 1-35 【场景】选项卡

2)【材质】选项卡

如图 1-36、图 1-37 所示为【材质】选项卡面板，选中材质的属性会在这个【材质】选项卡中显示，场景中的材质会以图像形式显示。当从材质库中拖动一个材质到场景中，就会在这里新增一个材质球。双击材质球可以对此材质进行编辑，如果有材质没有赋予场景中的对象，会从这里移除掉。

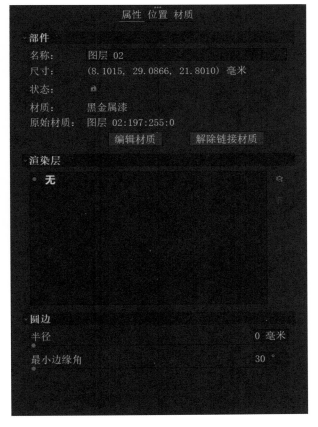

图 1-36 【材质】选项卡

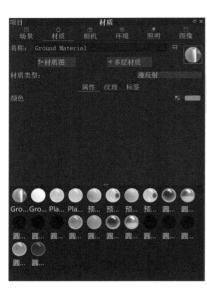
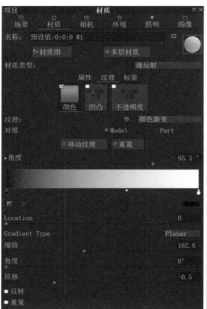
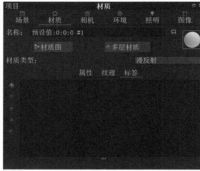

图 1-37 【材质】选项卡面板

（1）【名称】：在输入框中可以给材质进行命名，单击■按钮可以将材质保存到【库】里面。

（2）【材质类型】：此下拉菜单中包含了材质库中的所有材质类型。所有材质类型都只包含创建这类材质的参数，这使创建和编辑材质变得很简单。

（3）【属性】：显示了当前所选材质类型的属性，单击图标可以展开其选项。

（4）【纹理】：在这里可以添加如颜色贴图、高光贴图、凹凸贴图、不透明贴图等。

（5）【标签】：在这里可以添加材质的标签。

3）【环境】选项卡

如图 1-38 所示为【环境】选项卡面板，在这里可以编辑场景中的 HDRI 图像，支持 *.hdr 和 *.Hdz 两种格式（KeyShot 的专属格式）。

（1）【亮度】：用于控制环境图像向场景发射光线的总量，如果渲染太暗或太亮可以调整此参数。

（2）【对比度】：用于增加或降低环境贴图的对比度，可以使阴影变得尖锐或柔和；同时也会增加灯光和暗部区域的强度，影响灯光的真实性。为获得逼真的照明效果，建议保留为初始值。

（3）【大小】：用于增加或减小灯光模型中环境拱顶的大小，这是一种调整场景中灯光反射的方式。

（4）【高度】：调整该参数可以向上或向下移动环境拱顶的高度，这也是一种调整场景中灯光反射的方式。

（5）【旋转】：设置环境的旋转角度，这是另外一种调整场景中灯光反射的方式。

（6）【背景】：在这里可以设置背景为【照明环境】、【颜色】、【背景图像】。在实时渲染窗口中切换背景模式的快捷键分别是 E 键、C 键和 B 键。

（7）【地面阴影】：勾选此项，可以将阴影编辑为任何颜色。

（8）【地面遮挡阴影】：KeyShot7 新增功能，用于激活场景的地面阴影。勾选此项，就会有一个不可见的地面来承接场景中的投影。

（9）【地面反射】：勾选此项，任何三维几何物体的反射都会显示在这个不可见的地面上。

（10）【整平地面】：选择此选项可以使环境的拱顶变平坦，但只有使用【照明环境】方式作为背景时才有效。

（11）【地面大小】：拖拽滑块可以增加或减小用于承接投影或反射的地面的大小。最佳方式是，尽量减小地面尺寸到没有裁剪投影或反射。

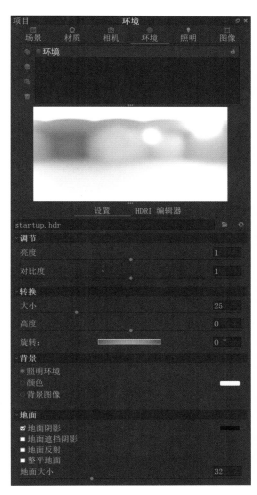

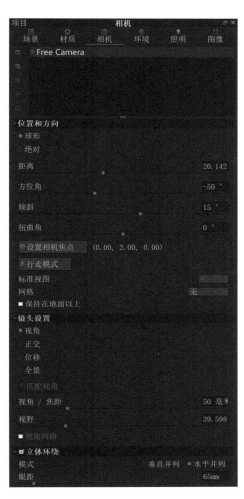

图 1-38 【环境】选项面板　　　　　　　　　　图 1-39 【相机】选项面板

4）【相机】选项卡

如图 1-39 所示为【相机】选项卡面板，在这里可以编辑场景中的相机。

（1）【相机】：这个选框包含了场景中所有的相机。在对话框中选择一个相机，场景会切换为该相机的视角。单击右边的图标可以增加或删除相机。

（2）【锁定 / 解锁】：在模型相机名称上单击鼠标右键，弹出快捷菜单【锁定 / 解锁】，可以锁定、解锁当前选项中的相机，当相机被锁定，所有参数都变为灰色显示，并且不能被编辑，在创建中也不能改变视角。

（3）【距离】：推拉相机向前或向后，数值为 0 时，相机会位于世界坐标的中心，数值越大，相机距离中心越远。拖动滑块改变数值的操作，相当于在渲染视图中滑动鼠标滚轮来改变模型景深的操作。

（4）【方位角】：控制相机的轨道，数值范围为 -180° ~ 180° ，调节此数值可以使相机围绕目标点环绕360° 。

（5）【倾斜】：控制相机的垂直仰角或高度，数值范围为 -89.99°～89.99°，调节此数值可以使相机垂直向下或向上观察。

（6）【扭曲角】：数值范围为 -180°～180°，调节此数值可以扭曲相机，使水平线产生倾斜。

（7）【标准视图】：在下拉菜单提供了【前】、【后】、【左】、【右】、【顶部】和【底部】6 个方向，选择相应的选项，当前相机会被移至该位置。

（8）【网格】：可将视图分为【二分之一】、【三分之一】、【四分之一】网格区域进行显示。

（9）【镜头设置】：此选项栏有四个选项，为【视角】、【正交】、【位移】和【全景】，表示调整当前相机为透视角度还是正交角度或者是可移动距离的透视角度。正交模式不会产生透视变形。

（10）【视角／焦距】：当增加视角数值时，会保持实时视图中模型的取景大小。

（11）【视野】：相机固定注视一点时所能看见的空间范围，广角镜头的视野范围大，变焦镜头的视野范围小。

4. KeyShot 材质详解

KeyShot 软件的材质设置非常简单，只有几个参数就可以控制一个材质类型，如金属材质参数值只包含创建金属材质的参数，塑料材质只包含创建塑料材质必须的参数。

1）高级材质

高级材质是所有 KeyShot 材质中功能最多的材质类型。【高级】类型的【材质】参数面板如图 1-40 所示。金属、塑料玻璃以及皮革等都可以由这种材质来创建，其中需要注意半透明和金属漆材质是不能表现的。

（1）【漫反射】：用于调整材质的整体色彩或纹理。透明材质很少或没有漫反射。金属没有漫反射，金属所有颜色来自高光反射。

（2）【高光】：用于控制材质对于场景中光源反射的颜色和强度。黑色强度为 0，材质没有反射，白色强度为 100%，完全反射。如果正在创建一个金属材质，这个参数就是金属颜色的设置。如果正在创建一个塑料材质，高光颜色应该调整为白色或灰色，塑料不会有彩色的高光反射。

（3）【高光传播】：该参数用于控制材质的透明度。黑色将是 100% 不透明的，白色将是 100% 透明。如果正在创建一个透明的玻璃或塑料，【漫反射】应该设置为黑色，材质所有颜色来自此参数。透明的玻璃或塑料【高光】反射也应该为白色。如果需要调整半透明无塑料效果，将【漫反射】设置为一个比较深的颜色就可以了。

（4）【氛围】：该参数用于设置材质中直接光照不能照射到的区域的颜色，这个会产生不真实的效果，推荐保留初始设置为黑色。如图 1-41 所示，左边材质的【氛围】设置为绿色，注意材质的阴影区域都是绿色的。

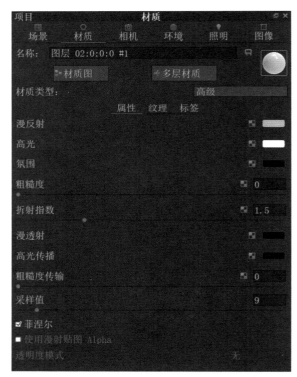

图 1-40 【高级】类型的【材质】参数面板

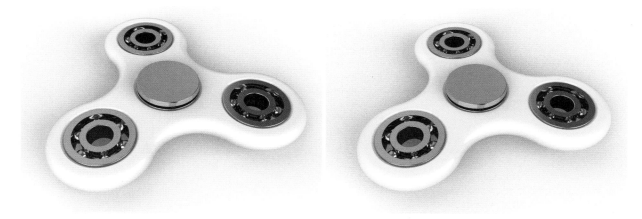

图 1-41　不同【氛围】设置下的同一个物体

（5）【漫透射】：该参数可以让材质表面产生额外的光线散射效果来模拟半透明效果，会增加渲染时间，推荐保留初始设置为黑色。如图 1-42 所示，左边材质的【漫透射】设置为亮黄色，材质有一种半透明效果。

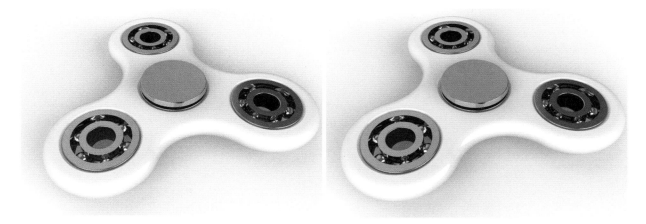

图 1-42　不同【漫透射】设置下的同一个物体

（6）【粗糙度】：该值增加会使材质表面微观层面产生颗粒。设置为 0 时，材质呈现出完美的光滑和抛光质感。数值越大，由于表面灯光漫射，材质越粗糙。如图 1-43 所示的两个材质，其他参数相同，左边材质的【粗糙度】设置为 0，右边的设置为 1.3。如果需要来创建一个磨砂材质，同时仍保持表面光泽的材质，可以通过【粗糙度传播】命令来实现。

图 1-43　不同【粗糙度】设置下的同一个物体

（7）【折射指数】：该参数用于控制材质折射的程度。如图1-44所示的两种材质是相同的，左侧材质折射率为1.5，右侧材质折射率为5。右侧较高的折射率使光线更扭曲，使得材质本身较左侧低折射率材质反射更加明显。

图1-44 不同【折射指数】设置下的同一个物体

（8）【菲涅尔】：该参数用于控制垂直于相机区域的反射强度，材质的反射和折射都有菲涅尔现象，这个参数默认是开启的。

（9）【光泽采样】：光泽采样值用于控制光泽（粗糙）反射的准确性。

2）玻璃材质

这是一个创建玻璃材质的选项，其属性面板如图1-45所示。与实心玻璃材质相比，该材质面板缺少【透明距离】和【粗糙度】选项。通常用于模拟汽车挡风玻璃的材质。

（1）【颜色】：设置玻璃的颜色。

（2）【折射指数】：控制玻璃折射的扭曲程度。

（3）【折射】：开启或禁止材质的折射属性。当希望看到曲面背后的对象而没有因折射产生的扭曲现象时，应该取消勾选这个选项。如图1-46所示，左图选择了该选项，可以看到由于曲面的折射使其看起来像厚玻璃；右图取消选择该选项，表面只有反射，没有折射的扭曲而是直接透明。

图1-45 【玻璃材质】属性面板　　　　　　　　图1-46 不同【折射】设置下的同一个物体

3）液体材质

液体材质是实心玻璃材质的变种，提供额外的【外部折射指数】参数设置。可以准确创建表示界面之间的曲面。例如，玻璃容器和水，但要想创建更高级容器内液体的场景（彩色的液体），可能需要使用绝缘材质。液体材质的属性面板如图1-47所示。

（1）【颜色】：参照宝石效果材质类型中该参数的含义。

（2）【透明距离】：参照宝石效果材质类型中该参数的含义。

（3）【折射指数】：参照绝缘材质中该参数的含义。

（4）【颜色出】：更改外部颜色。

（5）【外部折射指数】：此滑块是更高级、功能更强大的设置，可以准确地模拟两种不同的折射材质之间的界面。最常见的用途是当用户渲染有液体的容器，如一杯水。在这样的场景中，需要一个单一的表面来表示玻璃和水相交的界面。这个表面内部有液体，因此，【折射指数】设置为1.33；外部有玻璃，【外部折射指数】应设置为1.5。

4）金属漆材质

金属漆材质可以模拟有 3 层喷漆效果的材质。第 1 层是基础层，第 2 层控制金属喷漆薄片的效果，第 3 层是清漆，用于控制整个油漆的清晰反射。金属漆材质控制面板如图 1-48 所示。

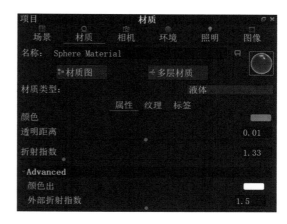

图 1-47 【液体材质】属性面板

（1）【基色】：整个材质的颜色，可以认为是油漆的底漆。

（2）【金属颜色】：这一层相当于是在底漆基础之上喷洒金属薄片。可以选择一个与基色类似的颜色来模拟微妙的金属薄片效果。通常利用白色或灰色的【金属颜色】参数设置来得到真实的油漆质感。金属颜色在曲面高光或明亮区域显示得多一些，基色在曲面照明较少区域显示得多一些。

如图 1-49 所示，左图的【金属颜色】参数设置为浅蓝色，右图的【金属颜色】设置为亮绿色，使之与【基色】形成有趣的对比。

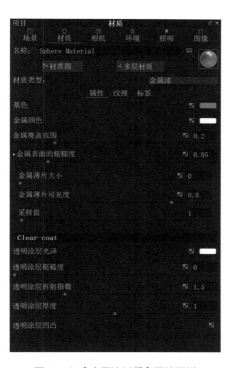

图 1-48 【金属漆材质】属性面板

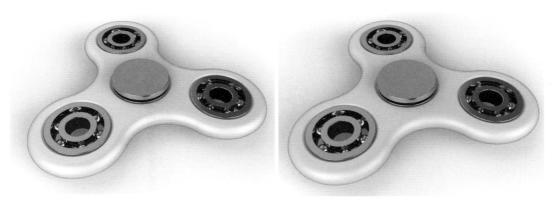

图 1-49 不同【金属颜色】设置的同一个物体

（3）【金属覆盖范围】：用于控制金属颜色与基色的比例。设置为 0 时，只能看到基色。当设置为 1 时，表面将几乎完全覆盖为【金属颜色】。对于大多数金属漆材质，这个设置一般设置为 0 就可以。调整时建议以 0.2 为单位开始往上增加。

（4）【金属表面的粗糙度】：该参数控制曲面【金属颜色】参数的延展。数值较少时，只有高光周围有很少的【金属颜色】。数值较大时，整个表面就会有更大范围的【金属颜色】。建议以 0.1 为单位开始调整该参数。该参数也有【采样值】，可以控制喷漆里金属质感的细致或粗糙感。低的设置会产生明显的薄片效果。较高数值使金属效果的颗粒分布更均匀、平滑。这个参数设置的较高些可以获得类似珠光的效果。

5）金属材质

这是一个很简单的创建抛光或粗糙金属的方式。设置非常简单，只需设置【颜色】和【粗糙度】两个参数，其属性面板如图 1-50 所示。

（1）【颜色】：该参数用于控制曲面反射亮点的颜色。

（2）【粗糙度】：该参数数值增加，会产生材质表面细微层次的杂点。当值为 0，金属完全平滑抛光；数值加大，效果显得更加粗糙。

5. KeyShot 贴图

贴图是三维图像渲染中很重要的一个环节，可以通过贴图操作来模拟物体表面的纹理效果，添加细节，如木纹、网格、瓷砖、精细的金属拉丝效果。贴图在【材质】属性面板的【纹理】选项卡中添加。如图 1-51 所示为【纹理】选项卡状态。

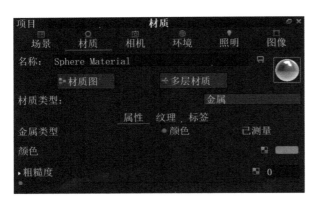

图 1-50　金属材质设置面板

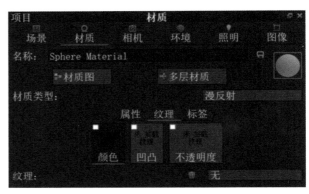

图 1-51　【纹理】选项卡状态

6. KeyShot 通道

KeyShot 提供了 4 种贴图通道：【漫反射】、【高光】、【凹凸】和【不透明度】。相比其他渲染程序，贴图通道要少一些，但是也可满足调整材质所需。每个通道的作用各不相同。

1）【漫反射】通道：可以用图像来代替漫反射的颜色，可以用真实照片来创建逼真效果。【漫反射】通道支持常见的图像格式。图 1-52 为通过【色彩】通道模拟木纹材质表面的效果。当【漫反射】通道添加纹理后，其【属性】选项卡中【漫反射】选项状态如图 1-53 所示。

2）【高光】通道：可以使用贴图中的黑色和白色部分表明不同区域的高光反射强度。黑色不会显示高光反射，而白色会显示 100% 的高光反射。

3）【凹凸】通道：现实世界中材质表面有凹凸等细小颗粒的材质效果可以通过这个通道来实现。这些材质细节在建模中不容易实现，类似镀铬、拉丝镍、皮革表面的凹凸质感等。

4）【不透明度】贴图：可以使用黑白图像或带有 Alpha 通道的图像来使某些区域透明。常用于创建实际没有打孔的模型的网状材质，如图 1-54 所示。

图 1-52　通过【色彩】通道模拟
木纹材质表面的效果

图 1-54　【不透明度】贴图效果

图 1-53　【漫反射】选项状态

7. 贴图类型

　　纹理贴图是在三维物体上放置二维图像。这是所有三维程序都必须解决的问题，如何将二维图像放置到三维对象，例如从顶面、底面还是侧面。如图 1-55 右下角的下拉列表中所示为所有的 KeyShot 纹理映射的方式。

图 1-55　所有 KeyShot 纹理映射方式

　　1)【平面】模式：只通过 3 个单项轴向：X 轴、Y 轴、Z 轴来投射纹理。不面向设定轴向的三维模型表面纹理将如图 1-56 所示的图像一样伸展。当模式设置为【平面】时，只有面向相应轴向的曲面能显示原始的图像，其他曲面上的贴图会被延长拉伸以包裹 3D 空间，如图 1-56 所示。

图 1-56　【平面】模式

2）【框】模式：这种贴图模式会从一个立方体的六个面向 3D 模型投影纹理。纹理从立方体的一个面投影过去直到发生延展，大多数情况下，这是最简单快捷的方式，产生的延展最小。如图 1-57 所示演示的是二维图像如何以【框】模式投影到三维模型上，注意每个平面的延展都是最小的。其缺点是在不同投影面相交处有接缝。

图 1-57　【框】模式

3）【球形】模式：【球形】模式会从一个球的内部投影纹理，大部分未变形图像位于赤道部位，到两极位置开始收敛。对于有两极的对象，【盒贴图】与【球形】模式或多或少都有扭曲，如图 1-58 所示。

4）【圆柱形】模式：如图 1-59 所示，面对圆柱体内表面投影的纹理效果较好，不面对圆柱体内表面的投影纹理会向内延伸。

图 1-58　【球形】模式

图 1-59　【圆柱形】模式

5）【UV 坐标】模式：这是一个完全不同的 2D 纹理到三维模型的方式，是一个完全自定义模式，被更广泛地用于游戏等领域。相比前面介绍的自动映射方式，【UV 坐标】是完全自定义的贴图方式。如图 1-60 所示。

该模式比其他的映射类型更耗时、更烦琐，但效果更好。大多数 CAD 软件不提供【UV 坐标】贴图和技术，这就是为什么 KeyShot 提供自动映射模式。【UV 坐标】主要用于 AR、VR、游戏、电影等娱乐产业，而不仅仅是产品设计或工程领域。把模型摊平为二维图像的过程称为展开 UV。例如世界地图的贴图，当球形的地图摊平为二维地图，就是相同的过程。

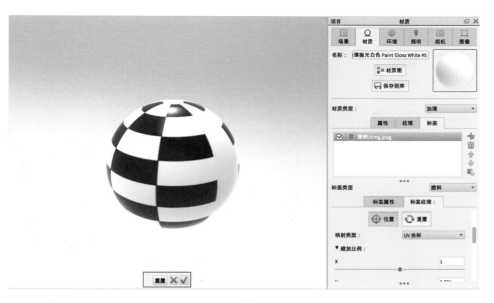

图 1-60 【UV 坐标】模式

8. 【标签】选项卡

【标签】是专门用来在三维模型上自由方便地放置标志、贴纸或图像对象的。如图 1-61 所示为【标签】选项卡。【标签】选项卡支持常见的图像格式，如 JPG、TIFF、TGA、PNG、EXR、HDR。【标签】没有数量限制，每个标签都有它自己的映射类型。如果一个图像内带 Alpha 通道，该图像中透明区域将不可见。

1）添加标签

单击【添加标签】█按钮 或【加载标签】█按钮或双击【载入纹理】图标来加入标签到标签列表，加入标签的名称显示在标签列表中，在 KeyShot 外部其他软件中编辑更新了标签，可以使用█图标来刷新标签。在列表中选择标签后单击█图标可以删除该标签。

标签按添加顺序罗列，列表顶部的标签会位于标签层的顶部。单击█【向上移动】图标可以使标签切换到上面，单击█【向下移动】图标可以使标签切换到下面。

2）【尺寸和映射】选项栏

图 1-61 【标签】选项卡

【类型】：标签与其他纹理拥有相同的映射类型，利用该功能可以以交互的方式来投影标签到曲面。要定位标签，单击【移动纹理】>【位置】图标，在模型上移动标签，当标签位于需要的位置时，单击按钮，就会停止移动模式。

【缩放】：可以拖动滑块来调整标签的大小，同时保持长宽比例。

【角度】：拖动滑块即可旋转标签。通过选择相应的选项，标签也可以垂直翻转、水平翻转和重复。

9. 渲染设置

KeyShot 中除了可以通过截屏来保存渲染好的图像，也可以通过【渲染】>【渲染…】（Ctrl+P）命令来输出渲染图像，图像的输出格式与质量可以通过该对话框进行参数设置。当机器运行较卡时候，可用 Shift+P 来暂停渲染命令。【渲染】对话框如图 1-62 所示。

1)【输出】：选项卡这个面板内的选项用于输出图像的名称、路径、格式、大小等的设定。

2)【质量】：【选项】选项卡下的【质量】选项卡用于输出图像的渲染质量的设定，如图 1-63 所示。

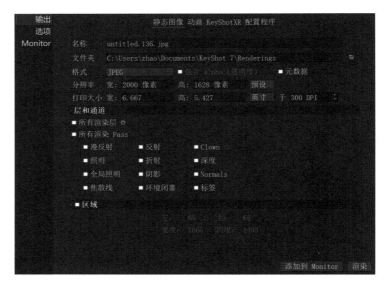

图 1-62 【渲染】对话框

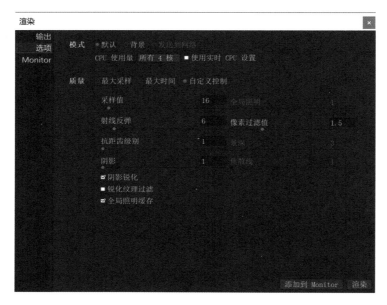

图 1-63 【选项】选项卡下的【质量】选项卡

02

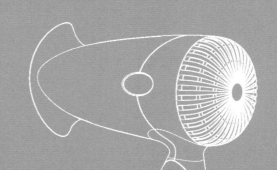

第 2 章　计算机辅助工业设计实训

第2章 计算机辅助工业设计实训

2.1 LeveL1 三维建模基础操作与初级案例训练

2.1.1 课题1 曲线创建

1. 课题要求

课题名称：曲线的生成与实践训练

课题内容：曲线创建工具的学习和曲线工具的实践应用

教学时间：4学时

教学目的：掌握曲线创建工具的使用方法，了解曲线工具的使用条件、基本特性和基本原理，熟悉曲线工具相关参数，掌握曲线创建的基本步骤，懂得如何与其他工具相结合灵活使用。

作业要求：熟悉曲线创建工具的基本用法，了解工具的基本原理和特性，完成1个案例学习与1个实践练习。

2. 知识点

曲线创建是 Rhino 建模中非常基础的一步，它为曲面创建打下基础，定义出曲面的基本构架和走势。曲线命令主要包括两大类，一是几何曲线创建工具，二是自由曲线创建工具。几何曲线工具包括直线、圆形、圆弧、椭圆、矩形和多边形工具，自由曲线工具包括控制点曲线、内插点曲线、抛物线、双曲线、弹簧线和螺旋线等。

1）直线工具

直线是曲线中最基础也是相对简单的几何线，建模时常将直线用作辅助线，因此使用非常频繁。但由于在不同条件下对直线绘制的要求不同，也需要不同类型的直线绘制工具，如图 2-1 所示为不同条件下直线的绘制。

【单一直线】✏：主要用于绘制单一直线。

【多重直线】✏：主要用于绘制多重直线段。

【角度等分线】✎：主要用于绘制某个夹角的角度等分线。

【指定角度直线】✐：绘制出一条与基准线呈指定角度的直线。

【与曲线垂直】•—•：画出一条与其他曲线垂直的直线。

【与曲线正切】✎：画出一条与其他曲线正切的直线。

2）圆形工具

圆形工具主要用于绘制标准圆形，其绘制方式有：中心点画圆、两点画圆、三点画圆、环绕曲线画圆、切线画圆和可塑形圆，通过不同绘制方式可以满足不同条件下的圆形绘制（图2-2）。

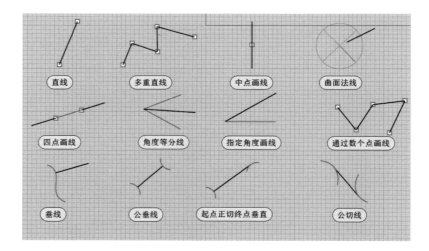

图 2-1 直线工具

【中心点画圆】：主要通过指定中心点再通过定义半径画圆形。

【环绕曲线圆形】：主要用于绘制中心点通过曲线的圆形，曲线与圆形所在平面保持垂直。

【与曲线相切圆形】：用于绘制与现有曲线相切的圆形，包括"相切、相切、半径"和"与数条曲线正切"。

【可塑形圆形】：可塑形圆不是有理圆，它是自由曲线构成的模拟圆形，因此不是标准的圆形，其每个位置上的半径不相等，在控制点分布上两者也不相同。

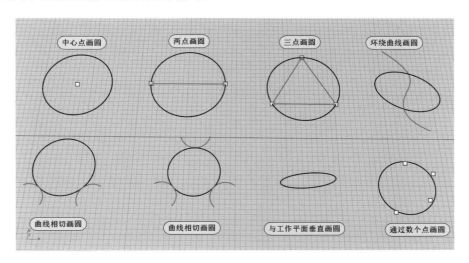

图 2-2　圆形工具

3）椭圆工具

主要用于创建各种椭圆，创建方式包括：中心点画椭圆、直径画椭圆、焦点画椭圆、环绕曲线和对角画椭圆。如图 2-3 所示，中心点画椭圆是通过中心点加长轴和短轴进行定义；直径画椭圆是通过直接定义长轴和短轴来确定椭圆的形状和大小；焦点画椭圆则是通过定义椭圆的两个焦点后再定义大小，其形状是相对固定的；环绕曲线椭圆绘制方式是在曲线上任意一点先定义椭圆中心位置，之后定义其长轴和短轴。

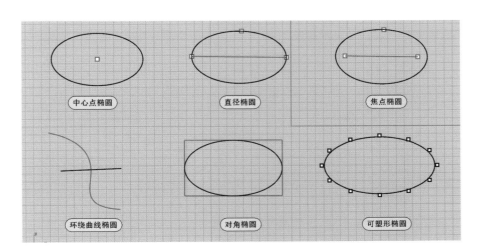

图 2-3　椭圆形工具

4）圆弧工具

Rhino 中有专门用于绘制圆弧的各类工具，圆弧与其他曲线结合使用，常用于补充其他曲线造型，或用于充当倒角之用。根据不同绘图条件，其创建方式包括（图 2-4）：中心点起点角度、起点终点通过点、起点终点起点方向、起点终点半径和与数条曲线相切等。

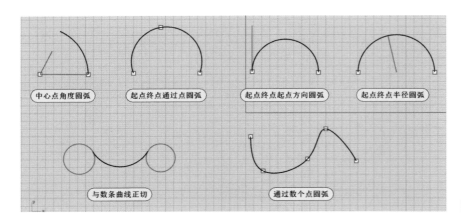

图2-4　圆弧工具

5）矩形工具

主要用于绘制各类矩形，矩形常用作创建矩形物件的基础几何曲线，有时也会当作辅助曲线用于建模中，根据不同绘制条件，其主要绘制方式包括：角对角、中心点角、三点、垂直和圆角矩形（图2-5）。

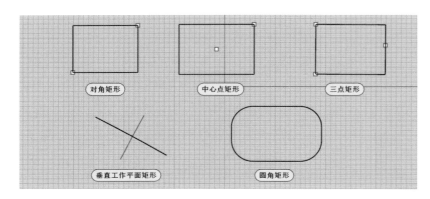

图2-5　矩形工具

6）多边形工具

多边形在Rhino建模中属于较为特殊的形状，其绘制要求多变，因此其工具也多样化（图2-6），主要包括：多边形、正方形和星形。多边形可以先定义中心点再确定半径，有内接和外切两种形式，也可以通过定义一条边的方式定义多边形的大小和位置。

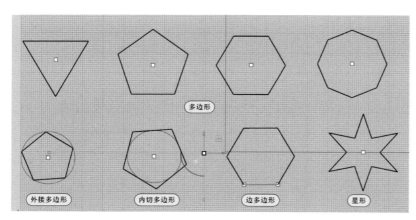

图2-6　多边形工具

7）曲线

在 Rhino 中主要通过曲线工具进行自由曲线及其他类型曲线的绘制，大部分复杂曲面都需要运用自由曲线绘制曲线。曲线工具主要包括：控制点曲线、内插点曲线、抛物线、双曲线和弹簧线等（图 2-7～图 2-9）。

【控制点曲线】⊃：主要通过定义控制点绘制自由曲线，绘制过程中可以结合选项参数设置曲线阶数等参数。

【内插点曲线】⊃：主要通过定义内插点绘制自由曲线，绘制过程中可以结合选项参数设置曲线阶数、节点均匀性和起点相切等参数。

【从多重直线建立控制点曲线】ᘦ：该工具以多重直线为条件曲线，以多重直线的顶点作为控制点曲线位置定义曲线。

【弹簧线曲线】ᶜᶜ：主要用于定义弹簧形状造型，可通过参数调整设置弹簧线直径、圈数和螺距，也可以环绕轨迹曲线定义异形弹簧线。

【建立均分曲线】⌒：主要用于在两条曲线之间形成新的均分曲线，该曲线与现有的两条曲线之间的距离相等。主要参数有〈数目（N）〉和〈匹配方式（M）=无〉，〈数目〉是指设定在两条曲线之间建立的曲线数量，〈匹配方式〉是指设定输出的曲线的计算方式。

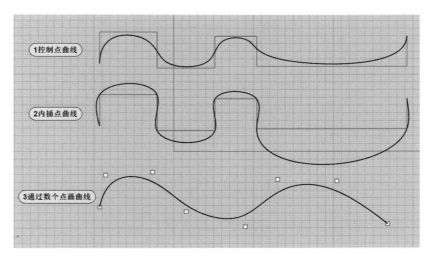

图 2-7　曲线工具

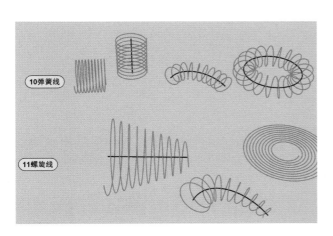

图 2-8　弹簧线

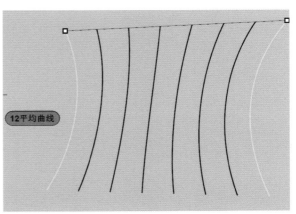

图 2-9　平均曲线

3. 案例解析

螺丝刀基础造型

本案例主要练习控制点曲线和直线段的绘制，通过控制点曲线工具和直线工具进行螺丝刀轮廓曲线的创建，完成后使用曲面旋转工具进行旋转，得到模型主体。

STEP1：在蓝色图层用【直线】✏ 创建一条中轴线，切换至红色图层使用【控制点曲线】⟲ 工具绘制曲线，如图 2-10 所示。

STEP2：打开端点锁定，使用【多重直线】⋀ 工具绘制多重直线段，选择【组合】🧩 命令，将两条线组合起来。

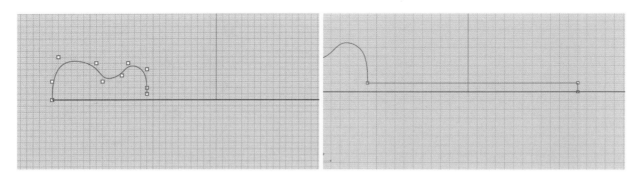

图 2-10　绘制轴线与曲线

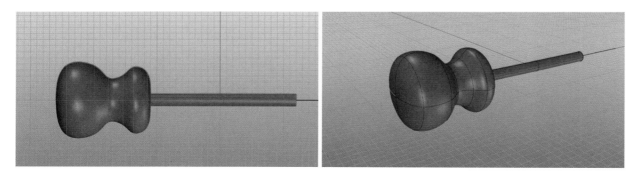

图 2-11　旋转出螺丝刀基础造型

STEP3：使用曲面工具【旋转成型】🍶，以中轴线为旋转轴，起始角度为 0°，旋转角度为 360°，旋转出螺丝刀基础造型，如图 2-11 所示。

4. 设计实践："灯"设计建模实训

建模要点讲解：通过几何曲线作为基础条件曲线，使用曲线编辑工具使几何曲线更符合设计要求，并以此创建几何形体，通过锁定工具对物件的特殊几何位置进行锁定，包括：端点、中点、最近点、正交（图2-12）。

操作步骤：

STEP1：新建一个文件，命名为"灯"，在顶视图用【中点画直线】 ╱ 工具创建一条长度为300的直线，并分别以直线上的点为中心创建圆形、矩形和椭圆形，如图2-13所示。

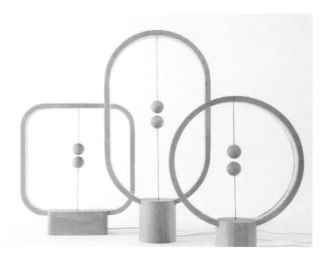

图2-12　灯

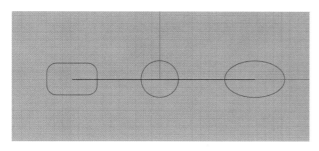

图2-13　几何形绘制

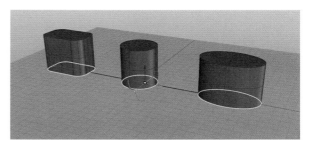

图2-14　直线挤出

STEP2：用实体工具【挤出封闭曲线】 ▣ 分别挤出高度一致的三个实体，如图2-14所示。

STEP3：切换到前视图，以圆形、矩形和椭圆形为起点使用【中点画直线】 ╱ 工具创建三条直线，如图2-15所示，分别以三条直线一端为中心点创建圆角矩形和圆形，如图2-16。

STEP4：使用【偏移曲线】 ╲ 分别对三个几何形进行偏移，距离为3个单位（图2-17）。全选偏移曲线和原几何曲线，使用【挤出封闭曲线】 ▣ ，同时选择两侧同时挤出参数，挤出厚度为3的实体，如图2-18。

STEP5：使用【中点画直线】工具，如图2-19所示，以直线端点为中点画出贯穿于实体的直线，再以直线为基础，使用实体工具【圆管】 ◗ ，生成半径为0.5的圆管。

STEP6：以贯穿于实体的直线上的点为中心，使用【球体】 ● 工具生成两个球体，再将两个球体通过【复制】 ▦ 工具复制到另外两个灯的中心位置，最终效果如图2-20。

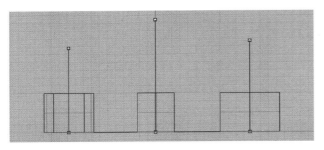

图 2-15　中轴线绘制

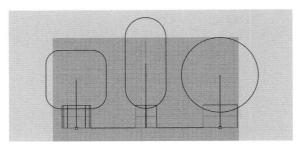

图 2-16　灯管几何形绘制

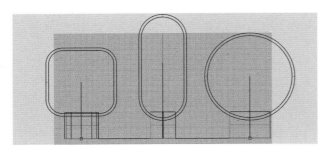

图 2-17　偏移曲线

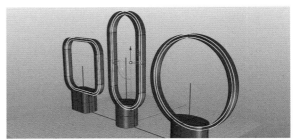

图 2-18　直线挤出

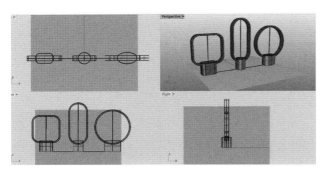

图 2-19　生成圆管

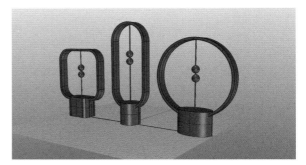

图 2-20　生成和复制球体

2.1.2 课题 2 曲线编辑与优化

1. 课题要求

课题名称：曲线的编辑与实践训练

课题内容：曲线编辑工具的学习和曲线工具的实践应用

教学时间：4 学时

教学目的：掌握曲线编辑工具的使用方法，明确曲线编辑工具的使用条件和基本原理，熟悉曲线编辑工具主要参数特性，懂得如何与曲线工具相结合并灵活使用。

作业要求：熟练掌握曲线编辑工具的基本用法，学习 1 个案例分析和完成 1 个设计实践练习。

2. 知识点

曲线编辑工具是在曲线创建的基础上，对曲线进行重新编辑，包括修剪、组合、倒角、偏移和混接等。通过编辑将各类曲线更好地调整到符合设计要求，从而为进一步创建曲面和实体创造条件。

1）倒角类工具：包括【曲线圆角】⌐、【曲线斜角】⌐ 和【全部圆角】↳。

【曲线圆角】⌐：主要以圆弧的方式进行倒角，可以对相邻且成夹角的曲线进行倒角（图 2-21），参数选项：〈半径〉——圆弧半径大小，〈组合〉——组合得到的曲线，〈修剪〉——以结果曲线修剪输入的曲线，〈圆弧延伸方式〉——当用来建立圆角或斜角的曲线是圆弧，而且无法与圆角或斜角曲线相接时，以直线或圆弧延伸原来的曲线。

【曲线斜角】⌐：主要以圆弧的方式进行倒角，可以对相邻且成夹角的两条曲线进行倒斜角，〈距离〉——两条曲线交点至修剪点的距离。其他参数与曲线圆角功能相同。

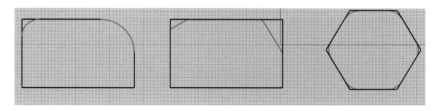

图 2-21　偏移曲线

【全部圆角】↳：以单一半径在多重曲线的每一个角建立圆角，方便快速地对多重曲线进行倒圆角，但只能以同一大小半径进行倒圆角。

2）混接曲线工具：【混接曲线】、【可调式混接】和【弧形混接】，主要用于在两条曲线或曲面边缘之间建立连续性的混接曲线。

【混接曲线】：直接在两条曲线之间混接一条具有连续性的曲线（图 2-22）。参数选项：〈连续性〉——可以设置位置、相切和曲率三种连续性。〈垂直〉——连续性为正切或曲率时，可以使用设定的连

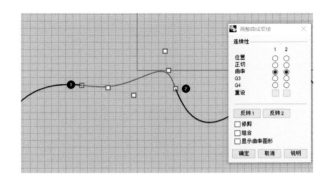

图 2-22　混接曲线

续性建立与曲面边缘垂直的混接曲线。〈以角度〉——连续性为正切或曲率时，可以使用与曲面边缘垂直以外的角度建立混接曲线。

【可调式混接】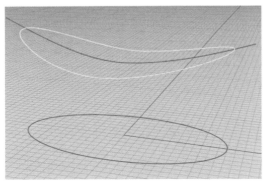：在两条曲线或曲面边缘之间建立可以动态调整连续性的混接曲线。其特点是在保持设定的连续性基础上，交互地调整混接曲线的形状。参数选项：〈连续性〉——可以设置位置、相切、曲率、G3 和 G4 五种连续性，反转 1、反转 2 参数可以反转混接曲线端点的方向。〈修剪〉——以生成的曲线修剪原有输入的曲线，〈组合〉——将混接曲线与输入曲线相互组合。〈显示曲率图形〉——在生成混接曲线时显示用来分析曲线曲率品质的曲率图形。〈垂直〉——连续性为正切或曲率时，可以使用设定的连续性建立与曲面边缘垂直的混接曲线。〈以角度〉——连续性为正切或曲率时，可以使用与曲面边缘垂直以外的角度建立混接曲线。

【弧形混接】：在两个曲线端点之间建立由两个圆弧组成的混接曲线，可以调整混接端点的位置及两个圆弧的比例。

3）偏移类工具：【偏移曲线】、【沿法线方向偏移】和【曲面上偏移】。

【偏移曲线】：通过平行的方式对曲线进行等距离复制，偏移后的曲线保持平行关系。参数选项：〈距离〉——设置偏移的距离，〈通过点〉——指定偏移曲线的通过点，〈两侧〉——将曲线往两侧偏移。

4）【从两个视图的曲线】：从两个视图的平面曲线建立一条 3D 曲线。如图 2-23 所示，在顶视图和前视图分别创建两条曲线，曲线在 Y 方向相对应，用它可以生成空间曲线。

5）重建曲线类：【重建曲线】、【以主曲线重建曲线】和【非一致性重建曲线】。

【重建曲线】：以设定的阶数与控制点数重建曲线或曲面。

参数选项：〈点数〉和〈阶数〉，分别用于设定控制点和阶数的数目，如图 2-24。

6）【衔接曲线】：主要用于连接两条曲线（图 2-25），并保持一定的连续性，其参数选项（图 2-26）

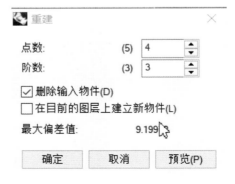

图 2-23 从两个视图的曲线　　　　　　　　图 2-24 重建曲线

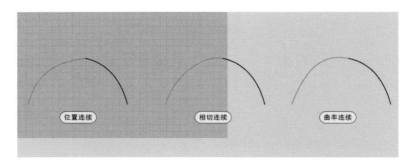

图 2-25 衔接曲线

包括:〈连续性〉、〈互相衔接〉、〈组合〉和〈合并〉。〈连续性〉——设置位置（G0）、相切（G1）和曲率（G2）三种连续方式，〈互相衔接〉——衔接曲线和目标曲线形状都发生改变以达到连续性要求，〈组合〉和〈合并〉——衔接的同时可以组合或合并。

7）【曲线布尔运算】 ：主要用于修剪、分割、组合有重叠区域的曲线（图2-27）。

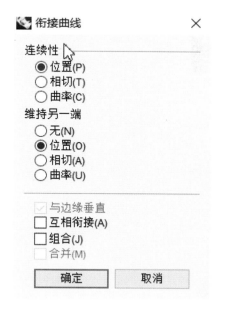

图 2-26　衔接曲线参数

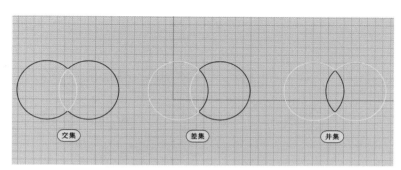

图 2-27　曲线布尔运算

3. 案例解析

花形碟制作分析

通过本案例，重点学习曲线编辑工具的用法，掌握其使用方法。主要练习工具包括:【直线工具】 、【曲线斜角】 、【曲线偏移】 、【镜像】 、【曲线布尔运算】 和【挤出封闭曲线】 。

STEP 1：沿 X 轴、Y 轴创建两条相互垂直的轴线，以轴线交点为起点创建一个长度为 30 的正方形（图 2-28、图 2-29）。

STEP 2：对正方形进行【曲线斜角】 ，斜角长度分别为 25 和 6（图 2-30），另一侧倒圆角半径为 20（图 2-31）。

STEP 3：运用偏移曲线命令对方形偏移 3 个单位，如图 2-32 所示。

STEP 4：选择两个倒角后的图形，选择变形工具中的【镜像】 命令，分别以两条辅助线为对称轴进行镜像，得到如图 2-33 所示结果。

STEP 5：选择四个镜像后的图形，使用【曲线布尔运算】 命令进行并集运算，得到如图 2-34 所示轮廓图案。使用【曲线圆角】 工具对轮廓线进行倒角。

STEP 6：选择所有图形，运用实体工具【挤出封闭曲线】 ，挤出厚度为 10 的实体，如图 2-35 所示。

STEP 7：选择外部轮廓线，运用【挤出封闭曲线】 工具挤出厚度为 2 的实体，如图 2-36 所示。

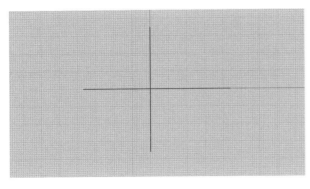

图 2-28　建立 X 轴、Y 轴线

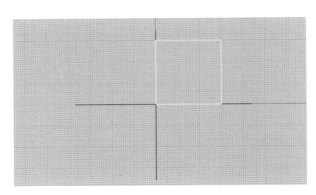

图 2-29　创建正方形

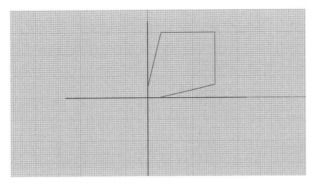

图 2-30　曲线斜角

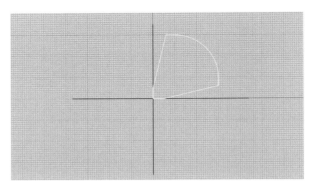

图 2-31　曲线圆角

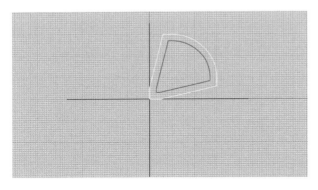

图 2-32　偏移曲线

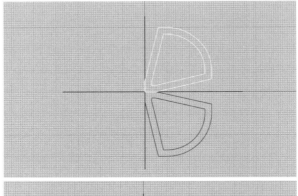

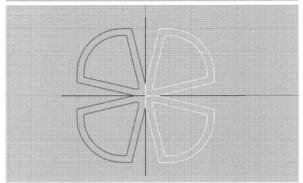

图 2-33　镜像

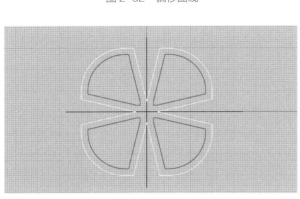

图 2-34　曲线布尔运算

图 2-35 直线挤出

图 2-36 挤出封闭曲线

4. 设计实践：机械零件制作

建模要点讲解：学会使用曲线偏移、修剪、倒角等工具进行综合性曲线编辑。主要使用工具：【直线】✎、【圆形】⬭、【偏移曲线】⤵、【修剪】⤙、【分割】⤒、【曲线圆角】⌐、【组合】❀、【挤出曲面】▯。

操作步骤：

STEP 1：选择工作视窗——背景图工具，将背景图导入顶视图，根据背景图给定尺寸要求进行建模（图 2-37）。

STEP 2：创建辅助线如图 2-38 所示，以辅助线交点为圆心分别画半径为 0.81 和 0.3 的两个圆形。以大圆形为条件曲线绘制两个圆形的公切线，如图 2-39 所示。以右边圆心为起点，应用【指定角度直线】✎ 绘制与垂直辅助线成 30° 夹角的辅助线（图 2-40）。

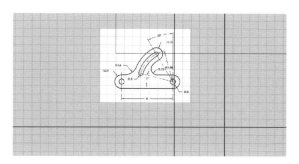

图 2-37 置入背景图

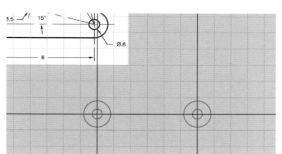

图 2-38 绘制圆形

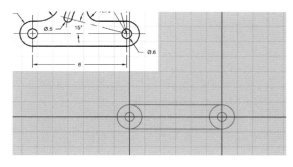

图 2-39 绘制公切线

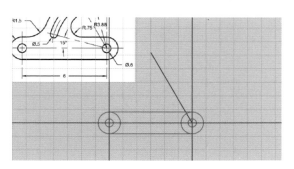

图 2-40 成角度的直线

STEP3：以右侧圆形圆心绘制半径为 3.88 同心圆作为辅助线，应用【偏移曲线】⤵ 工具将辅助圆形向两侧分别偏移 0.25 和 0.75 的距离生成四个同心圆，如图 2-41、图 2-42 所示。

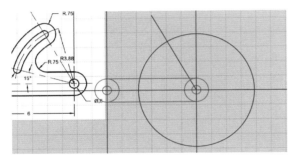

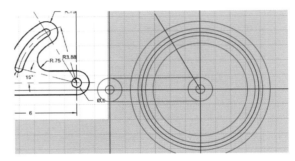

图 2-41　偏移曲线 1　　　　　　　　　　图 2-42　偏移曲线 2

STEP4：应用【指定角度直线】 绘制与水平线成 15° 夹角的辅助线，运用辅助线对圆弧线进行修剪。以修剪后的圆弧端点为基准，应用【两点画圆】 绘制与两条圆弧相切的圆形。按此方法绘制另外一端圆形具体步骤如图 2-43～图 2-52 所示。

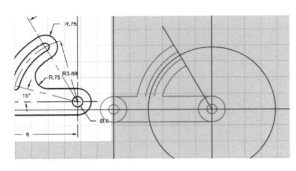

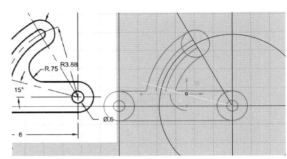

图 2-43　修剪圆形 1　　　　　　　　　　图 2-44　创建两端圆形 1

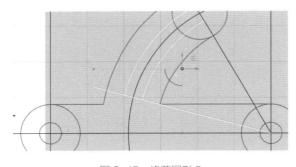

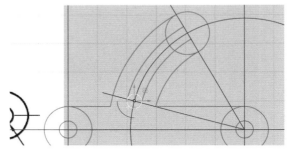

图 2-45　修剪圆形 2　　　　　　　　　　图 2-46　创建两端圆形 2

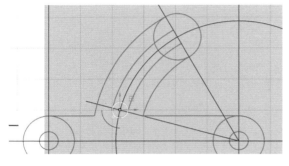

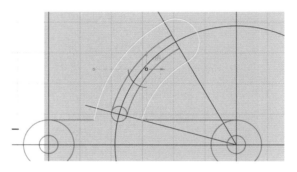

图 2-47　创建直线圆形　　　　　　　　　图 2-48　修剪圆形 3

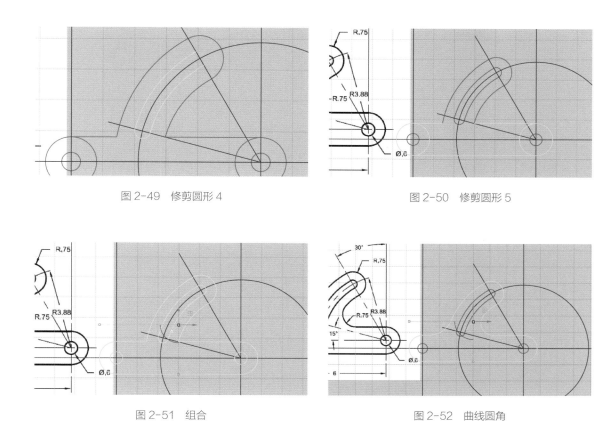

图 2-49　修剪圆形 4　　　　　　　　　　图 2-50　修剪圆形 5

图 2-51　组合　　　　　　　　　　　　图 2-52　曲线圆角

STEP5：将修剪后的所有曲线全部组合起来，选择组合后的曲线，应用曲面工具中的【挤出】将曲线挤出成高度为 5 的实体，如图 2-53 所示。最后进行渲染，如图 2-54 所示。

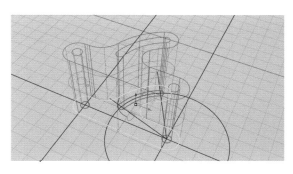

图 2-53　直线挤出实体

图 2-54　渲染模式

小结：

　　该案例主要特点为充分利用辅助线，结合曲线编辑工具进行建模，其中利用偏移曲线命令，可以进行同心圆制作，再结合修剪工具，去掉多余曲线。作图过程中，要充分利用物件锁点工具，锁定特殊的几何点，以达到精确作图的目的。

2.1.3　课题3　曲面生成与应用

1．课题要求

课题名称：曲面的生成与实践训练

课题内容：曲面创建工具的学习、曲面类型分析和曲面工具的实践应用

教学时间：4学时

教学目的：掌握几种主要的曲面创建工具，了解曲面创建工具的使用条件和基本原理，熟悉主要参数特性，弄清不同曲面创建工具之间在使用方式上的区别。

作业要求：掌握曲面建模在三维建模中的基本方法，完成1个案例分析和1个设计实践练习。

2．知识点

曲面成型是三维建模最关键的一步，通过条件曲线，应用曲面命令进行曲面创建，才能准确高效地创建各种复杂的三维造型。曲面有三种成型方式，包括旋转成型、挤出成型和四边成型。

旋转成型：旋转成型、沿着路径旋转，按照规则的圆形或指定路径进行旋转，都是曲线绕一个旋转轴作圆周或指定路径旋转。

挤出成型：包括矩形面、平面曲线建面、挤出成型、挤出成实体。平行是挤出成型曲面最大的一个特点，所有挤出成型的面都至少有一个方向上的等参线平行。

四边成型：四边成型是主要曲面创建命令，建模中涉及较多的自由曲面创建。

1）旋转成型类

【旋转成型】🍾：主要用于围绕轴线进行旋转，形成规则的圆形，旋转曲线称为轮廓线，轮廓线可以是开放的，也可以是封闭的，其常见形式如图2-55所示。

【沿着路径旋转】🍾：其与旋转基本相似，增加了旋转轨迹，增强了旋转的自由度，造型不再局限于圆形回转体，其旋转的路径可以自定义（图2-56）。

图2-55　旋转成型

图2-56　沿路径旋转

2）挤出成型类

主要用于以截面为基本型挤出的造型，截面沿着一个方向或轨迹进行挤出成型，其截面形状可以是任何形式，主要挤出形式如图2-57所示。包括【直线挤出】🛢️、【沿着曲线挤出】🎺、【挤出曲线成锥状】🔔、【挤出至点】🔺、【彩带】🖌️和【沿曲面法线方向挤出】☁️。选择合适的挤出工具，可以进行不同方向及造型的曲面挤出。

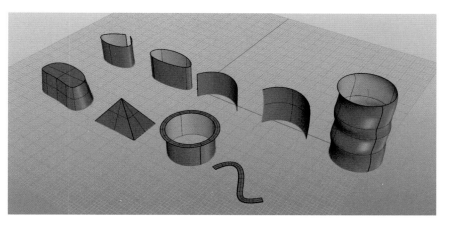

图 2-57　挤出曲面

3）四边成型类

其主要用于创建复杂自由曲面，曲面工具类型较多，变化多样。

【三或四个点建立曲面】：任意选择 3 或 4 个点来创建曲面，创建条件要求较低，相对而言可控性也差，只适用于创建较为简单的曲面（图 2-58）。

【二、三或四个边缘曲线建立曲面】：主要由 2～4 条曲线创建曲面，只需要依次选择几条曲线即可，构面方式灵活，曲面质量高。缺点是无法控制曲面内部形状，边界无法连续，如图 2-59 所示。

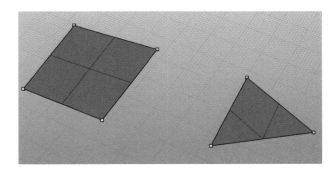

图 2-58　三或四个点建立曲面

图 2-59　二三或四个边缘曲线建立曲面

【平面曲线建立曲面】：主要用于快速创建平面曲面，要求曲线必须是平面曲线，保持封闭，如图 2-60 所示。

【放样】：主要用于连接两条以上截面曲线生成曲面，使曲面精确地通过截面曲线，并设置放样类型，缺点是无法准确控制曲面走向。截面曲线可以是曲线、曲面边缘或点，如图 2-61 所示。放样曲面造型较为自由，可以形成封闭的曲面，也可以生成开放的曲面，如图 2-62 所示。要求曲线全部开放或全部封闭，对于开放曲线，选择曲线时单击曲线的位置对运算结果有影响。其主要参数选项有（图2-63）：造型类型：〈标准〉——曲面直接通过截面，是默认选项。〈松弛〉——使生成的曲面控制点与条件曲线的控制点保持位置重合。〈紧绷〉——曲面紧密贴合到截面曲线。断面曲线选项：〈不优化〉——维持原状不变。〈重建点数〉——按照设定的控制点重建曲面控制点数量。〈重新逼近公差〉——以设定的公差重新逼近断面曲线。

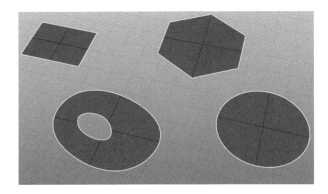

图 2-60　平面曲线建立曲面

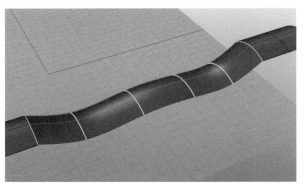

图 2-61　放样

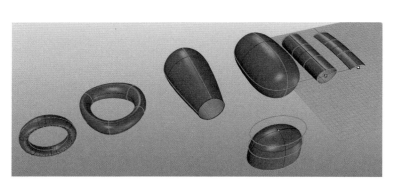

图 2-62　放样

图 2-63　放样参数

　　【网线建曲面】：网线建曲面是通过若干条外围曲线和两个方向的内部曲线构成曲面，其外围曲线可以是线或曲面边缘。边缘曲线数量在2~4之间，如图2-64、图2-65所示1、2、3、4曲线，内部曲线1~2个方向，如图2-66所示5、6曲线，数量没有限制。当边缘曲线是曲面边缘线时，连续性（位置、切线、曲率）的选择很关键。

　　曲面边缘连续性参数选项设置（图2-67）：〈松弛〉——建立的曲面的边缘以较宽松的精确度逼近输入的边缘曲线。〈位置〉——建立的曲面的边缘与连接边缘保持位置连续。〈相切〉——建立的曲面的边缘与连接边缘保持相切连续；〈曲率〉——建立的曲面的边缘与连接边缘保持曲率连续。

　　【嵌面】：主要用于曲面修补，使用拟合曲面对曲面缺口进行修补，与【网线建曲面】相比，其边缘曲线数量没有限制，但边缘线最好是封闭的，内部曲线数量和方向没有限制。当边缘曲线是曲面边缘线时，连续性可选择切线连续。其缺点是生成曲面结构线与原有曲面无法保持方向相同（图2-68）。

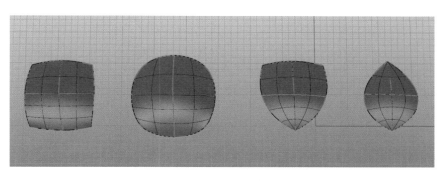

图 2-64 二三或四个边缘曲线建立曲面

图 2-65 网线建曲面参数

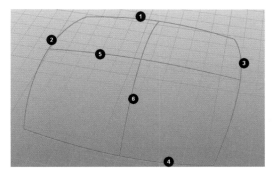

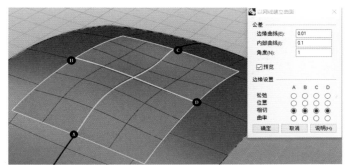

图 2-66 边缘曲线与内部曲线

图 2-67 边缘连续性设置

主要参数选项:〈调整切线方向〉——如果输入的曲线为曲面的边缘,建立的曲面可以与周围的曲面正切。〈自动修剪〉——试着找到封闭的边界曲线,并修剪边界以外的曲面。〈取样点间距〉——放置于输入曲线上间距很小的取样点,最少数量为 1 条曲线放置 8 个取样点。〈曲面的 U 方向跨距数〉——设定曲面 U 方向的跨距数。当起始曲面为 UV 都是一阶的平面时,指令也会使用这个设定。〈曲面的 V 方向跨距数〉——设定曲面 V 方向的跨距数。当起始曲面为 UV 都是一阶的平面时,指令也会使用这个设定。

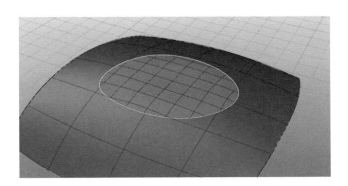

图 2-68 嵌面

【单轨扫描】 ：主要用于曲线沿着一条轨迹扫描形成曲面，要求具有一条轨迹线，可以定义数条截面曲线，生成曲面的位置以截面曲线为准，如图 2-69 所示，其参数选项如图 2-70 所示。

〈造型〉——断面曲线在扫描时，通过设置自由扭转、Top、Front 和 Right 等选项，断面曲线与相应视图工作平面的角度维持不变。其中对齐曲面功能是指路径曲线为曲面边缘时，断面曲线扫描时相对于曲面的角度维持不变，如图 2-71 所示。〈封闭扫描〉——当路径为封闭曲线时，曲面扫描会形成首尾相接的封闭形状，一般当截面曲线有两条以上时此选项才显示（图 2-72）。〈整体渐变〉——曲面断面的形状以线性渐变的方式从起点的断面曲线扫描至终点的断面曲线。没选这个选项时，曲面的断面形状在起点与终点附近的形状变化较小，在路径中段的变化较大（图 2-73）。〈未修剪斜接〉——当建立的曲面是多重曲面时，新生成的多重曲面中的单个曲面都是未修剪的曲面，如图 2-74 所示。〈断面曲线选项〉——主要设置断面曲线分布，包括不要简化、重建点数和重新逼近公差。〈对齐断面〉——主要设置断面曲线扫描方向，可以进行方向对调（图 2-75）。〈最简扫描〉——当所有的断面曲线都放在路径曲线的编辑点上时可以使用这个选项建立结构最简单的曲面，曲面在路径方向的结构会与路径曲线完全一致。

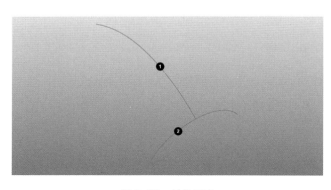

图 2-69　单轨扫描

图 2-70　单轨扫描参数选项

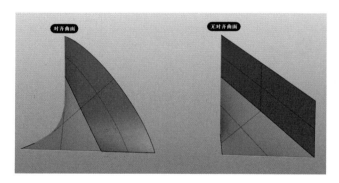

图 2-71　对齐曲面

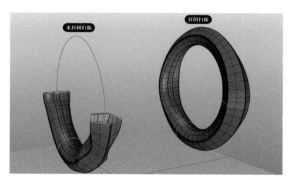

图 2-72　封闭扫描

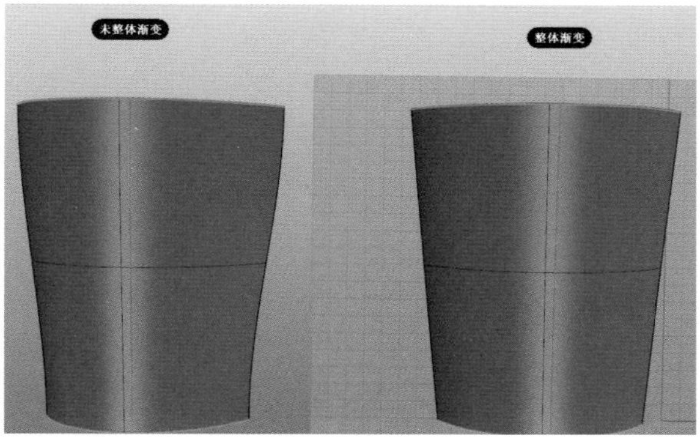

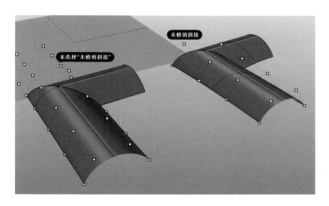

图 2-73　整体渐变

图 2-74　未修剪斜接

【双轨扫描】：截面曲线沿着两条路径曲线扫描而得到的曲面。当有些曲面路径相对复杂，并且具有相互平行关系时，适合使用该命令控制曲面路径走向。其参数与单轨扫描部分相似，增加了路径曲线选项、维持断面形状和保持高度参数（图 2-76）。

〈路径曲线选项〉——当路径为曲面边缘时，可以设置新生成曲面与路径曲面之间的连续性，分别为位置、相切和曲率三种连续性（图 2-77）。

〈保持高度〉——一般情况下扫描曲面的断面会随着两条路径曲线的间距缩放宽度和高度，该选项可以固定扫描曲面的断面高度不随路径曲线的间距而变化（图 2-78）。

〈加入控制断面〉——可以在路径的任意位置中加入控制断面，以更精确地控制曲面形状。

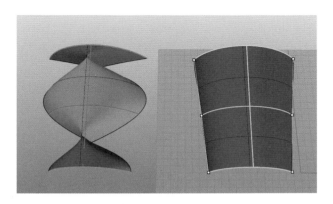

图 2-75　对齐断面

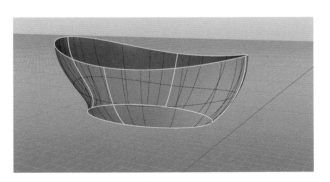

图 2-76　双轨扫描

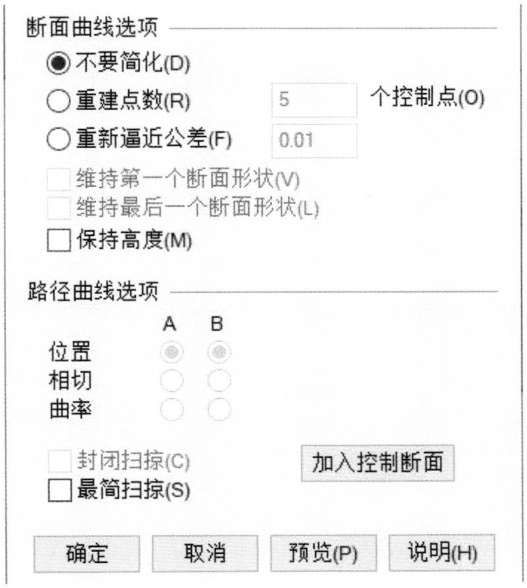

图 2-77　双轨扫描参数

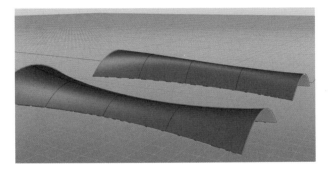

图 2-78　保持高度

3. 案例解析

智能手杖

主要掌握曲线【从两个视图的曲线】 ⚡ 、曲面【放样】 🎨 、【挤出】 🧊 工具的用法。懂得利用现有曲线或曲面作为曲面创建的条件，使曲面创建更加准确。

操作步骤：

STEP1：在顶视图绘制一条通过原点的水平线，再绘制一条如图2-79所示的曲线，并水平镜像。在前视图绘制一个椭圆（图2-80），利用【重建曲线】 🚲 工具将椭圆重建，点数为12，阶数为3（图2-81），并调整控制点（图2-82）。

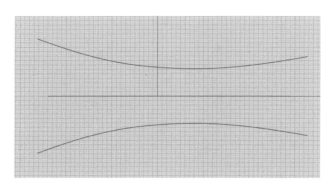

图2-79　绘制曲线

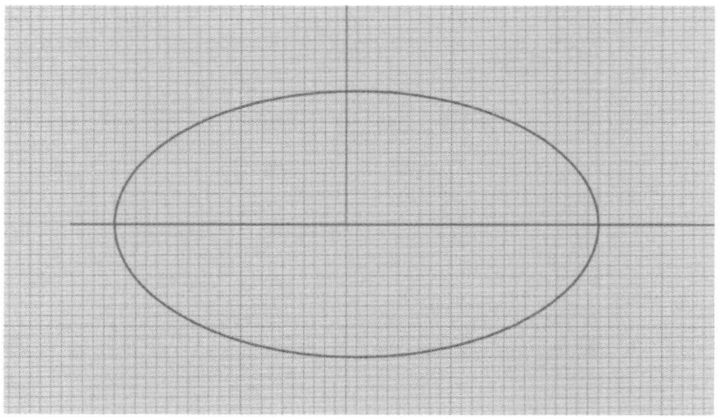

图2-80　绘制椭圆

STEP2：利用已绘制的平面曲线，使用【从两个视图的曲线】 ⚡ 生成空间曲线（图2-83），镜像生成另一侧的空间曲线（图2-84）。

STEP3：使用【偏移曲线】 ↷ ，在前视图中将曲线分别偏移3、-3和1个单位（图2-85）。

STEP4：将偏移曲线通过【从两个视图的曲线】工具生成空间曲线（图2-86）。

STEP5：使用【放样】 🎨 ，依次选择3条曲线生成曲面，选择默认参数。同理，使用【放样】 🎨 工具创建外面的曲面和两个曲面的连接曲面，如图2-87、图2-88、图2-89所示。

图2-81　重建椭圆曲线

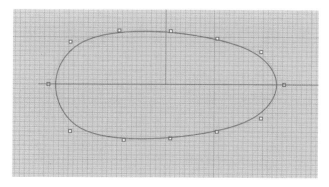

图2-82　调整控制点

图2-83　从两个视图生成空间曲线

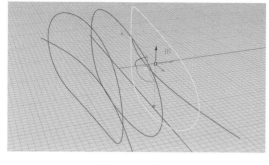

图 2-84 镜像

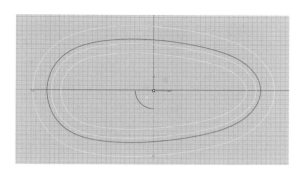

图 2-85 偏移曲线

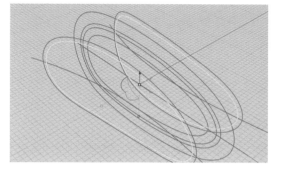

图 2-86 从二维曲线生成空间曲线

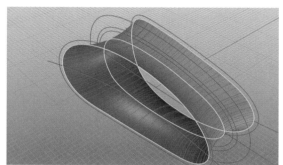

图 2-87 放样曲面

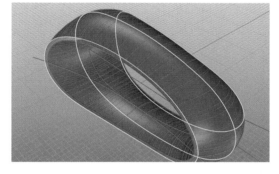

图 2-88 放样曲面

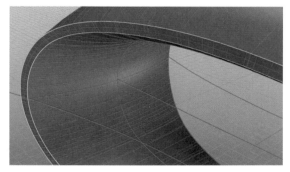

图 2-89 放样曲面

STEP6：在顶视图中，创建一个中心点在 X 轴的圆形（图 2-90），使用【挤出成型】🔲 生成柱状物体，选择〈两侧〉参数选项（图 2-91）。同样使用【直线挤出】🔲，选择已生成的柱状物体下部的边缘线为条件曲线（图 2-92），继续向下挤出柱状物体（图 2-93）。

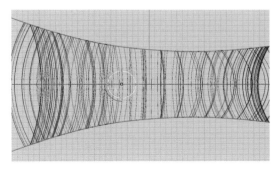

图 2-90 绘制圆形

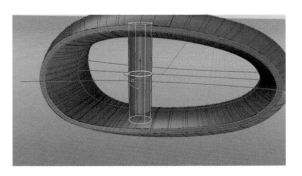

图 2-91 直线挤出

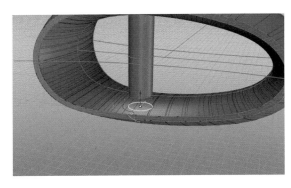

图 2-92　选择圆形

图 2-93　直线挤出

STEP7：使用【挤出成锥状】🔔工具，选择柱状物件底部边缘曲线，生成锥状物件（图 2-94）。使用【组合】🧩工具将曲面组合起来形成封闭的实体。

STEP8：使用实体工具中的【布尔运算联集】🔵将柱状物体和上部实体曲面组合成一体（图 2-95），之后使用实体工具中的【不等距离边缘圆角】🧊对物件进行倒角处理（图 2-96），最后得到如图 2-97 所示整体造型。

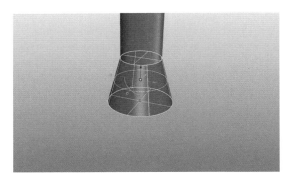

图 2-94　锥状挤出

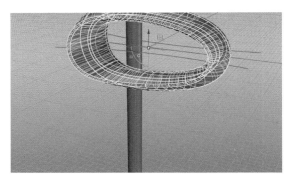

图 2-95　布尔运算联集

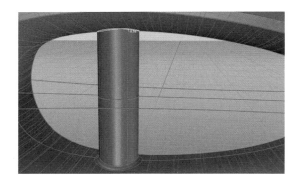

图 2-96　不等距边缘圆角

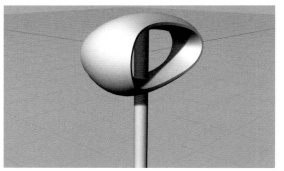

图 2-97　渲染效果

4. 设计实践：小音箱

通过本案例，掌握旋转曲面的创建方法，其主要思路为通过基础曲面创建工具旋转成型，创建曲面主体造型，然后通过其他编辑辅助工具创建造型细节。主要使用的工具有【控制点曲线】🗨️、【镜像】🔀、【旋转】🍢、【直线挤出】🟦、【布尔运差集】🔵、【混接曲线】🔗、【双轨扫描】🎷。

操作步骤：

STEP1：创建一个新文件，使用工作视图工具【放置背景图】🔲（图2-98），将背景图置入前视图，并使用相关【移动背景图】🔲和【缩放背景图】🔲工具调整背景图位置。

STEP2：在前视图中绘制一条轴线，并用【控制点曲线】⌒绘制曲线如图2-99所示。

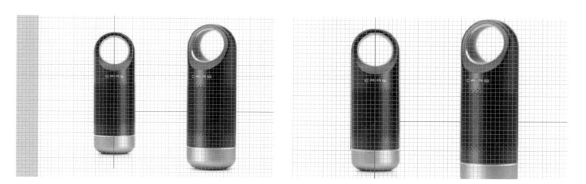

图2-98　放置背景图　　　　　　　　　　　　图2-99　绘制轴线和轮廓曲线

STEP3：使用【旋转成型】🍷工具，选择前面绘制的曲线，以中轴线为中心，将曲线旋转360度，形成旋转体步骤如图2-100～图2-102所示。

STEP4：在旋转体上部，绘制修剪曲线（图2-103），并使用【挤出成型】🔳工具挤出曲面（图2-104），选择两侧同时挤出参数，选择挤出曲面，在右视图中使用【镜像】🔊工具镜像一个对称的曲面，如图2-105所示。

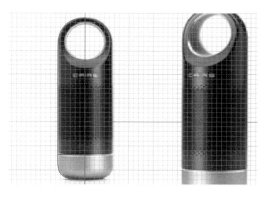

图2-100　绘制底部轮廓曲线

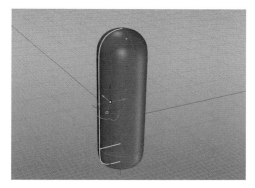

图2-101　旋转成型

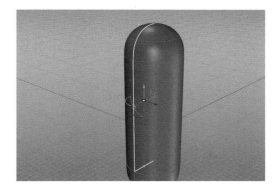

图2-102　旋转成型

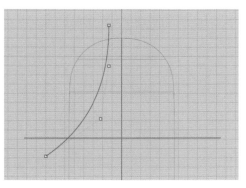

图2-103　绘制修剪曲线

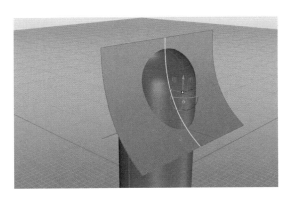

图 2-104　直线挤出

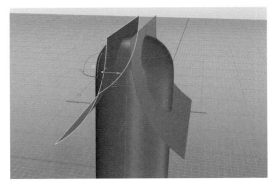

图 2-105　镜像

STEP5：使用实体工具中的【布尔运算差集】 ，选择命令后，先选择被修剪的旋转体，回车后再选择两个对称的挤出曲面，回车后得到如图 2-106 所示实体。

STEP6：在右视图绘制一个圆形，并用【直线挤出】 🔲 工具两侧同时挤出曲面（图 2-107、图 2-108）。使用【修剪】 ✑ 工具，先选择被修剪曲面，回车后再选择圆形挤出曲面，再回车确认，将挤出曲面删除。选择前面绘制的曲线，在右视图使用【曲线投影】 🗂 将曲线投影至曲面，如图 2-109 所示。

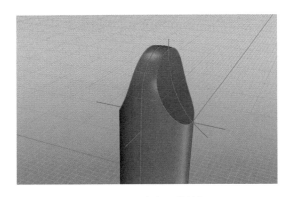

图 2-106　布尔运算差集

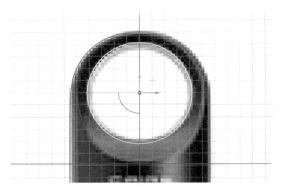

图 2-107　绘制圆形

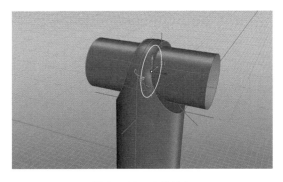

图 2-108　直线挤出

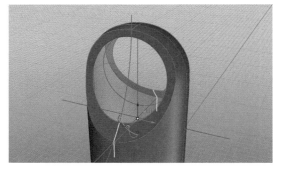

图 2-109　投影曲线

STEP7：使用【混接曲线】 🪝 ，连接两条投影曲线，选择曲率连续，按住 Shift 键通过调节控制点位置来调整曲线的形状，回车后确认完成。使用【双轨扫描】 🔧 工具，以曲面边缘两边为路径，前面生成的混接曲线为截面，创建双轨扫描曲面（图 2-110），设置两侧曲面连续性为相切连续，确保生成曲面与现有曲面保持光顺连接。

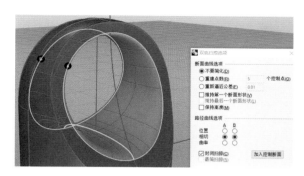

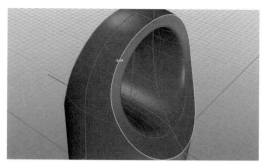

图 2-110　双轨扫描　　　　　　　　　　　图 2-111　不等距边缘圆角 1

STEP8：将生成的曲面使用【组合】🧩 全部组合成实体，使用【不等距边缘圆角】🔷 对手柄部分进行倒圆角处理（图 2-111、图 2-112），半径为 0.6，最后效果如图 2-113 所示。

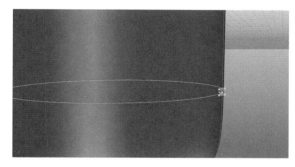

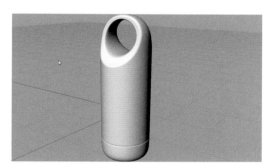

图 2-112　不等距边缘圆角 2　　　　　　　　图 2-113　渲染效果

小结：通过将背景图作为参照创建轮廓曲线，通过旋转、直线挤出等基础曲面创建工具进行曲面创建，完成后使用实体编辑及曲面编辑工具对曲面进行修改，从而得到最终造型。这个过程是三维建模中较为典型的一种方式。

2.1.4　课题 4　曲面编辑与优化

1．课题要求

课题名称：曲面的编辑与实践训练

课题内容：曲面编辑工具的学习和曲面工具的实践应用

教学时间：4 学时

教学目的：掌握曲面编辑工具的使用方法，明确曲面编辑工具的使用条件和基本原理，结合相关设计案例，熟悉曲线编辑工具主要参数特性，懂得与曲面创建及实体工具相结合的灵活使用。

作业要求：结合 1 个案例分析与 1 个实践训练，掌握曲面编辑的主要用法和使用技巧。

2．知识点

本节重点介绍【延伸曲面】、【混接曲面】等曲面编辑命令，不同工具用法有较大差异，如【混接曲面】与【衔接曲面】虽然一字之差，都是用于连接两个曲面，但混接曲面是通过生成新曲面连接曲面，衔接曲面是通过改变现有曲面形状来达到连接目的。因此对于初学者来说，理解清楚每个工具的基本特点和用法非常重要。

曲面倒角类工具：主要有 4 种工具，包括【曲面圆角】、【曲面斜角】、【不等距曲面圆角】（图 2-115）和【不等距曲面斜角】（图 2-116），分别用于倒圆角和斜角。其主要参数包括：〈半径〉——主要设置半径大小，〈延伸〉——是指当输入的两个曲面长度不同时，通过延伸生成倒角曲面，〈圆角曲面〉——可以延伸至较长的曲面的整个边缘（图 2-117），〈修剪〉——是以结果曲面修剪原来的曲面，未修剪情况如图 2-114 所示。

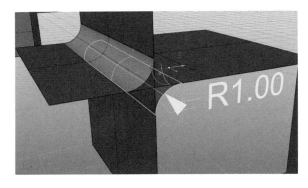

图 2-114　不修剪曲面

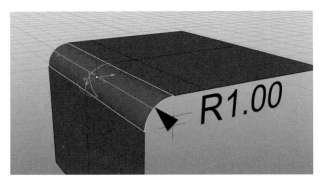

图 2-115　不等距边缘圆角

图 2-116　不等距边缘斜角

图 2-117　延伸曲面

【混接曲面】💠：主要用于通过生成新的曲面连接两个现有的曲面，并且保持好的连续性，其用法灵活多样（图2-118）。条件曲面的边缘线可以是开放的或封闭的，图2-119显示的为几种常见的混接曲面。

主要参数选项：

〈连续性设置〉——可以设置从位置、相切、曲率到 G3、G4 的不同连续性。〈加入断面〉——可以增加用于控制混接曲面形状的控制曲线，可以在边缘曲线的任意位置增加控制曲线。〈相同高度〉——两个曲面边缘之间的距离有变化时，这个选项可以让混接曲面的高度维持不变。〈平面断面〉——强迫混接曲面的所有断面为平面，并与指定的方向平行。

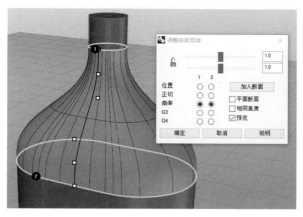

图 2-118　混接曲面

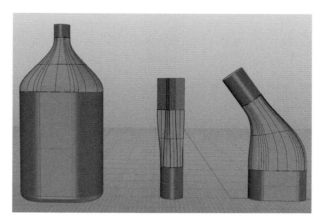

图 2-119　混接曲面

【偏移曲面】🦆 与【不等距偏移曲面】🦆：主要对曲面进行等距离偏移生成曲面，可设置参数生成实体。主要参数选项：〈距离〉——设定偏移的距离，〈实体〉——用于偏移后生成实体，〈松弛〉——生成曲面保持与原有曲面结构一致，〈全部反转〉——曲面偏移方向反转（图2-120），〈不等距偏移〉——曲面任一点偏移的距离可变。

【衔接曲面】🦆：主要用于调整曲面的边缘与其他曲面形成连续性。启动命令后，依次选择要改变的曲面边缘和目标曲面边缘，会打开对话框，可以从中选择相应的参数选项。

〈连续性〉——是指设置衔接时的连续性，包括无、位置、相切和曲率。〈互相衔接〉——两个曲面同时改变形状进行衔接，否则目标曲面不变，其各参数效果如图2-121所示。〈以最接近点衔接〉——曲面边缘上任意一点与目标曲面边缘上最接近的点衔接（图2-122），〈结构线方向调整〉——要改变的曲面与目标曲面的结构线关系设置，分别有三种设置：与目标结构垂直、与目标结构方向一致、维持结构方向一致（图2-123）。

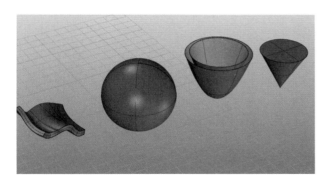

图 2-120　偏移曲面

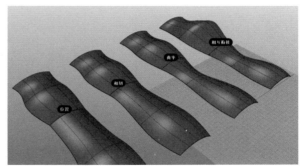

图 2-121　衔接曲面连续性

【合并曲面】🗲：主要用于合并两个曲面的未修剪边缘成为单一曲面，当设定为"平滑"模式时，可以保持圆滑过渡，通过"圆度"设计过渡区域半径大小。如图 2-124、图 2-125 为合并前后，两个曲面合并为一个单一曲面，并光顺过渡。

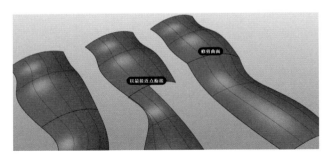

图 2-122　以最接近点衔接

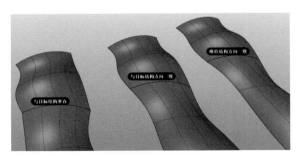

图 2-123　结构线方向调整

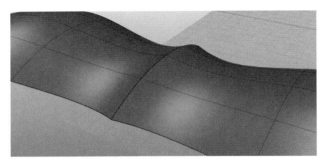

图 2-124　合并曲面前

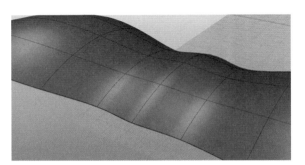

图 2-125　合并曲面后

【连接曲面】📦：主要用于延伸两个曲面并相互修剪，使两个曲面的边缘相接。如图 2-126、图 2-127 为连接前后的情况。

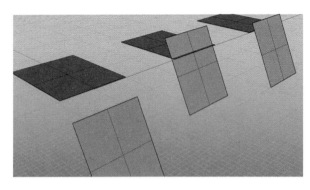

图 2-126　连接曲面前

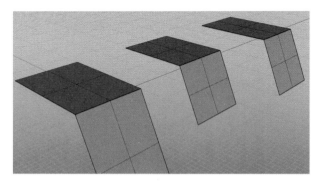

图 2-127　连接曲面后

【对称】🏠：主要用于镜像曲线或曲面，使两侧的曲线或曲面正切，当编辑一侧的物件时，另一侧的物件会做对称性的改变。如图 2-128、图 2-129 所示，单边曲面对称后完全平顺连接。

【重建曲面】📚：主要用于重新设定曲面的阶数和控制点数，从而达到改变曲面结构的目的。主要包括 UV 两个方向控制点和阶数的调整（图 2-130）。

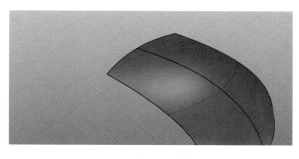

图 2-128　对称前

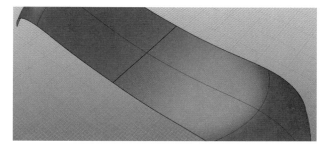

图 2-129　对称后

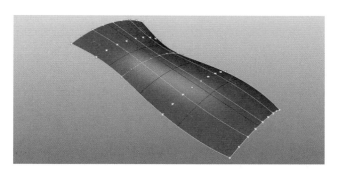

图 2-130　重建曲面

【边缘分割】█：主要用于对曲面边缘线进行分割，当边缘线被当作曲线使用时，边缘线可以被任意分割成几段，而不受限于原始边缘的长度。与之对应的命令为合并边缘，右键单击命令图标即可调用。

【缩回已修剪曲面】█：当曲面被修剪后，其控制点仍然保持不变，如图 2-131、图 2-132 所示，使用此命令可以重新分布控制点，使曲面控制点收缩至曲面边缘处。

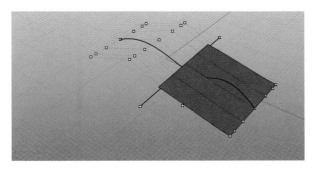

图 2-131　缩回已修剪曲面前

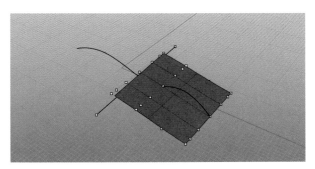

图 2-132　缩回已修剪曲面后

【调整接缝】█：其主要功能为移动封闭曲面的接缝到其他位置，有时需要对封闭曲面进行修剪等操作前，为了使修剪边缘线不与曲面接缝相交，可以调整曲面接缝位置，使接缝避开修剪区域。

3. 案例解析

小木凳

通过本案例主要学习如何应用曲面衔接、合并、偏移和混接等曲面编辑工具。建模思路为通过创建基础曲面后应用衔接曲面、合并曲面及偏移曲面等工具使产品造型达到连续性要求，并准确地通过偏移设定造型厚度。主要使用命令：【控制点曲线】█、【挤出曲面】█、【镜像】█、【衔接曲面】█、【合并曲面】█、【偏移曲面】█、【混接曲面】█等。

STEP1：使用【控制点曲线】 〇 绘制曲线，调整曲线控制点位置、调整曲线形状，并使用【挤出曲面】 🔲 工具向曲线两侧挤出距离为 8 的曲面（图 2-133、图 2-134）。

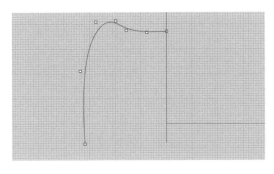

图 2-133　绘制曲线

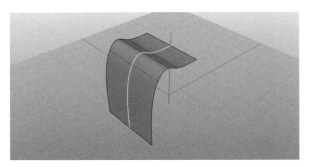

图 2-134　直线挤出

STEP 2：使用【镜像】 🔷 工具对曲面进行镜像（图 2-135），并使用【合并曲面】 🔩 工具对左右两个曲面进行合并，参数设置为平滑，圆度为 1（图 2-136、图 2-137）。

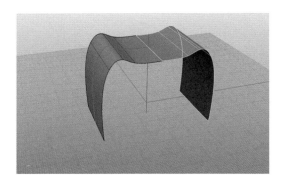

图 2-135　左右镜像

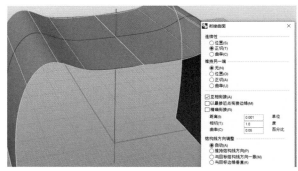

图 2-136　衔接曲面

STEP3：使用【偏移曲面】 🔧 工具，将曲面向内偏移 2 个单位，选择参数〈松弛＝是〉、〈实体＝否〉（图 2-138、图 2-139）。

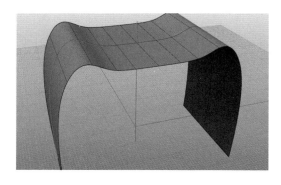

图 2-137　曲面衔接后

图 2-138　偏移曲面

STEP4：使用【混接曲面】 🔩 工具，选择上下两个曲面做混接曲面，两侧边线都做相同的混接。然后使用【以平面曲线建立曲面】 ⬭ 工具，选择底部曲面边缘线作为条件曲线生成底部平面，最后使用【组合】 🔧 命令将所有曲面组合在一起，具体步骤如图 2-140～图 2-144 所示。

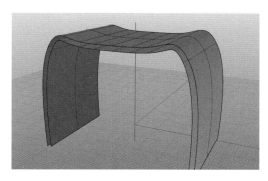

图 2-139　曲面偏移后

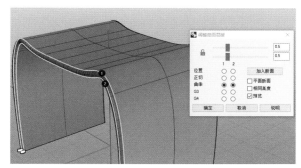

图 2-140　混接曲面

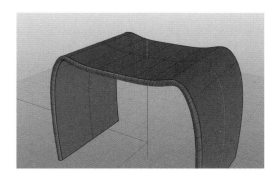

图 2-141　组合曲面

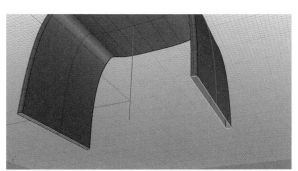

图 2-142　封闭曲面

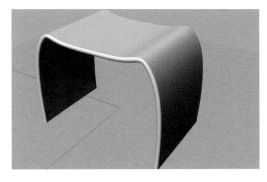

图 2-143　渲染效果

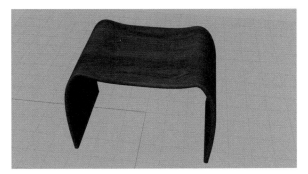

图 2-144　渲染效果

4. 设计实践：优盘建模

1）建模要点讲解

通过实践训练，重点练习精确建模的方法，通过置入背景图，准确定义轮廓曲线，通过轮廓曲线创建主体曲面，并通过各类修剪、补面工具构建造型细节。主要使用工具：【曲线衔接】～、【挤出成型】🗊、【单轨扫描】🖌、【自动建立实体】🗊、【投影曲线】🗊、【镜像】🖫、【不等距边缘圆角】🗊、【网线建曲面】🗊、【分割边缘线】🖳 等。

2）操作步骤

STEP1：首先将背景图分别导入至前、顶和右三个视图，之后调整背景图的大小和位置，使视图的背景图大小一至，位置对齐（图 2-145）。

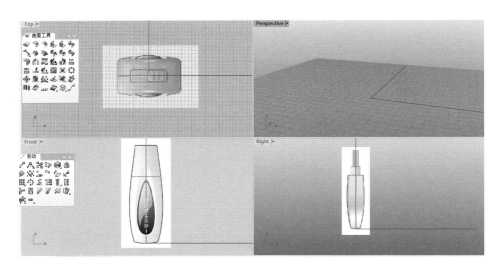

图 2-145　放置对齐背景图

　　STEP2：在前视图中根据背景图绘制轮廓曲线，先绘制左侧轮廓线，绘制完成后打开控制点，调整曲线形状直至与背景图相吻合，完成后使用镜像工具将曲线镜像至另一侧。完成后再绘制底部轮廓曲线，打开控制点调整好曲线，使用修剪工具将曲线另一侧剪切掉，然后使用镜像工具镜像至另一侧，再使用【曲线衔接】工具将左右两侧曲线以曲率连续的方式衔接成一条单一曲线，其中需要选择"相互衔接"和"合并"参数，如图 2-146 所示。前视图中绘制顶部轮廓曲线，使用【修剪】工具，选择所有相互交叉的轮廓线，回车后单击需要被修剪的部分，完成修剪后，将曲线组合起来，形成封闭的轮廓曲线，如图 2-47 所示。

图 2-146　绘制轮廓线

图 2-147　修剪曲线

STEP3：选择封闭的轮廓曲线，选择【挤出成型】 █ 工具，挤出曲面，如图 2-148 所示。

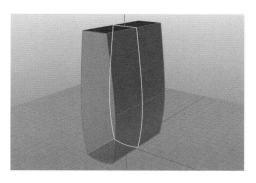

图 2-148　挤出曲面

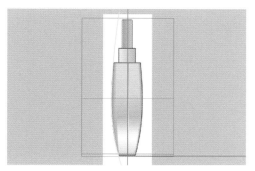

图 2-149　侧视轮廓线

STEP4：在右视图沿着背景图侧边轮廓绘制曲线，完成后在顶视图绘制轮廓曲线，如图 2-149、图 2-150 所示，完成后如步骤 2 方法，先修剪曲线一侧，之后通过【镜像】 █ 和【衔接曲线】 █ 命令制作左右对称的单一曲线（图 2-151、图 2-152）。

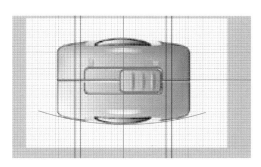

图 2-150　俯视轮廓线

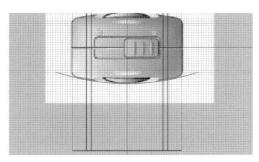

图 2-151　镜像轮廓线

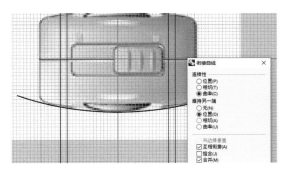

图 2-152　左右衔接曲线

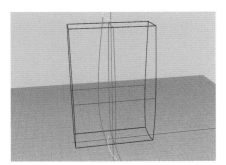

图 2-153　移动曲线

STEP5：选择【移动】 █ 工具，打开中点和端点锁定，将顶视图绘制的曲线移至右侧轮廓线的两端并选择〈复制〉参数（图 2-153）。

STEP6：选择【单轨扫描】 █ 工具，分别以前面绘制的曲线为路径和截面线，扫描出曲面，如图 2-154 所示，之后选择【镜像】 █ 工具，将生成的曲面镜像至另一侧（图 2-155）。选择【自动建立实体】 █ 创建实体（图 2-156）。

STEP7：在前视图绘制一个椭圆，使用【重建曲线】 █ 将椭圆重建为一个 3 阶 12 个控制点的周期性曲线，使用【打开点】 █ 打开曲线控制点并进行编辑，编辑完成后利用中轴线将曲线一侧修剪删除，使用【镜像】 █

工具将曲线镜像至另一侧，并分两次使用【衔接曲线】 工具对曲线进行衔接，选择参数〈相互衔接〉与〈合并〉。并使用【平面缩放】 工具将该曲线缩放并复制一份，如图 2-157～图 2-161。

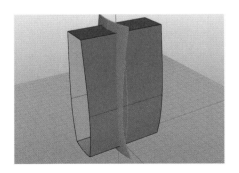

图 2-154　单轨扫描曲面

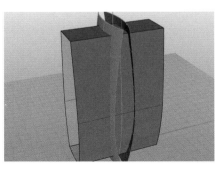

图 2-155　镜像

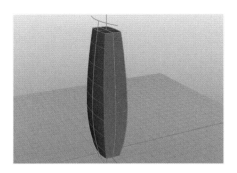

图 2-156　自动封闭实体

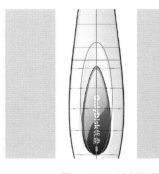

图 2-157　绘制椭圆

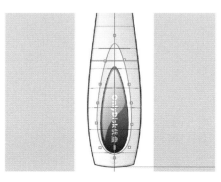

图 2-158　重建椭圆

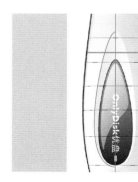

图 2-159　修剪曲线

图 2-160　镜像曲线

图 2-161　缩放并复制

STEP8：在前视图中，选择衔接后的曲线，使用【投影曲线】🝰将曲线投影至曲面表面，使用【分割】⏚ 工具，用投影曲线将曲面进行分割，删除分割后的内部曲面（图 2-162、图 2-163 ）。

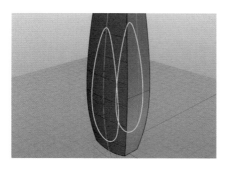

图 2-162　投影曲线

图 2-163　分割曲面

STEP9：在前视图创建 3 条水平直线，位置如图 2-164 所示，使用【投影曲线】🝰将直线投影至曲面表面，以投影曲线端点为起点和终点分别创建三条曲线，如图 2-165、图 2-166 所示。将曲线重建为 3 阶 4 控制点曲线，打开控制点并调整，使曲线内凹。

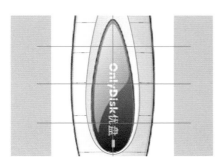

图 2-164　绘制直线

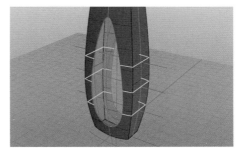

图 2-165　投影曲线

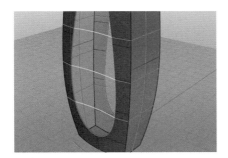

图 2-166　绘制曲线

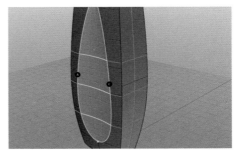

图 2-167　创建内凹曲面

STEP10：使用【分割边缘线】⏚ 工具，将曲面边缘线进行沿着上下两个中点进行分割。

STEP11：使用【网线建曲面】🝰 工具，创建内凹曲面，如图 2-167 所示。

STEP12：使用缩小后的曲线对生成的曲面进行修剪，通过 STEP8~STEP11 类似的方式创建外凸曲面（图 2-168~图 2-170 ）。如图 2-171，曲面创建完成后将曲面镜像至另一侧并全部组合成一个封闭的实体。

STEP13：选择实体工具【不等距边缘圆角】⬛，对优盘实体四个角进行导角处理，半径为3（图2-172）；完成后再选择另一侧边缘曲线进行导角处理，半径为1（2-173）。

STEP14：在前视图中，创建一条水平直线与优盘盖分割线位置齐平，将水平直线挤出平面，使用【偏移曲面】🔷工具将平面偏移成厚度为0.5的实体（图2-174）。使用【布尔运算】⚫工具，对优盘进行布尔运算差集运算（图2-175）。

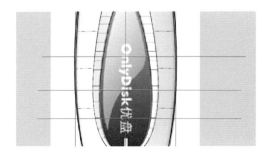

图 2-168　绘制三条水平直线

图 2-169　重建曲线

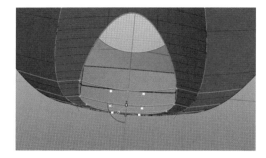

图 2-170　以控制点调整曲线形状

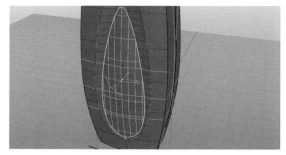

图 2-171　网线建曲面

图 2-172　边缘圆角 1

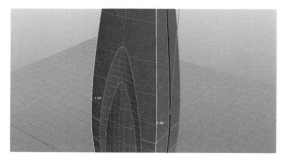

图 2-173　边缘圆角 2

图 2-174　创建实体

图 2-175　布尔运算差集

STEP15：使用【多重曲面薄壳】⬡工具对优盘盖部分实体进行抽壳（图 2-176、图 2-177），厚度为 1，完成后最终效果如图 2-178 所示。

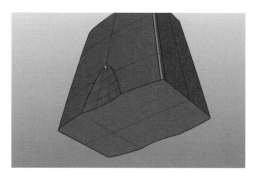
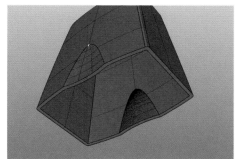

图 2-176　抽壳 1　　　　　　　　　图 2-177　抽壳 2

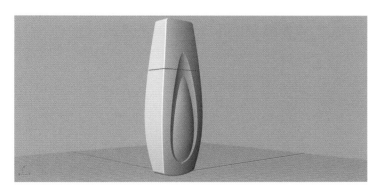

图 2-178　渲染效果

小结：该案例整体思路为由整体到局部，由大到小。主要通过背景图作为参考，分别创建主要造型曲面，通过修剪形成封闭的造型主体，并利用修剪命令在主体造型中生成局部曲面特征，其中利用了投影曲线作为辅助线帮助我们建模过程中准确锁定特殊位置，另外需要特别注意形体的对称性和衔接的连续性设置。

2.1.5　课题 5　实体创建与编辑

1. 课题要求

课题名称：实体创建和编辑与实践训练

课题内容：学习实体创建工具与实体编辑工具，结合实践应用掌握其基本用法和原理。

教学时间：4 学时

教学目的：掌握实体创建和实体编辑工具，明确其参数特性，通过案例分析学习，懂得实体创建的主要用法。最后通过案例分析与实践训练，掌握实体创建和编辑工具的使用技巧，并通过练习熟悉工具用法。

作业要求：完成 1 个案例分析和 1 个设计实践练习。

2. 知识点

本节主要介绍立方体、球体、圆锥体、圆柱体、管状体等几何体创建的基本方法，并深入学习布尔运算、抽壳、倒圆角等实体编辑工具基本用法和参数特点。

1）实体工具

实体工具是创建封闭实体的主要工具，常见的标准实体包括立方体、球体、椭球体和圆柱体等。Rhino 的实体实质上是由多重曲面围合而成的，可以通过【炸开】⚡ 命令将其分离成单一曲面。反之，也可以将多个单一曲面组合成封闭实体，常见的实体工具有：

【立方体】🧊：立方体是实体建模中最常见的几何体，可通过角对角 / 高度、对角线、三点 / 高度等方式进行创建。

【球体】🔵：球体形体特征较为简单，定义方式包括中心点 / 半径、直径、三点 / 四点等，也可以采用环绕曲线方式将球体中心定义为曲线上任意一点的位置。

【椭球体】🥏：其创建方式有 5 种，包括从中心点、直径、对角、从焦点和环绕曲线等。

【抛物面锥体】◢：可以通过指定焦点或顶点位置建立抛物面锥体。

【圆柱体】🛢：该工具主要用于创建标准的圆柱体，其操作方法为首先指定底面圆形的中心点与半径，然后参考 Circle 指令的选项说明进行选择，最后指定圆柱体的端点。

【环状体】⬭：使用该工具可以创建类似甜甜圈造型的形体，启动该工具后，首先要确定环状中心点，然后指定体的大半径和环的半径，最后形成环状体。

【圆管】🎍：此工具分为平头盖和圆头盖两种，其差别是圆管端面是平头或圆头。该工具可以沿着曲线创建一个变化管径的圆管。如图 2-179 所示，其形状由轨迹曲线决定，任意位置的管径可以自由定义。

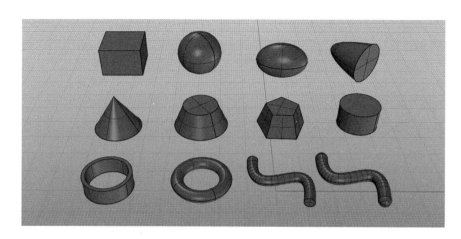

图 2-179　几何实体创建

　　创建挤出实体工具：在建立实体工具面板中长按左键，调用挤出建立实体面板，该面板中包括挤出曲面、挤出至点、挤出曲面成锥状等工具，其与曲面创建工具面板中的挤出工具基本相同，其中有几个工具功能较为独特：多重直线挤出成厚片、凸毂和肋。

　　【以多重直线挤出成厚片】：将曲线偏移之后，挤出并加盖建立实体，该工具可以通过一条曲线生成一个实体，如图 2-180 所示。

　　【凸毂】：将封闭的平面曲线往与曲线平面垂直的方向挤出至边界曲面，并与边界曲面组合成多重曲面。参数选择可以先选择锥状或直线两种形式，如图 2-181 所示。

　　【肋】：将曲线挤出成曲面，再往边界物件挤出，并与边界物件结合（图 2-182）。参数选项：〈偏移〉——对曲线挤出方向设置有直接影响；〈挤出方向〉——有曲线平面和与曲线平面垂直，曲线平面是当输入的曲线为肋的平面轮廓时可以使用该设定，曲线平面垂直是输入的曲线为肋的侧面轮廓时可以使用该设定（图 2-183）。

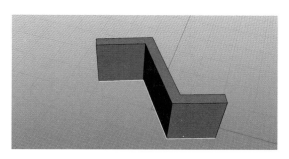

图 2-180　挤出成厚片

图 2-181　凸毂

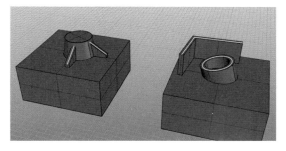

图 2-182　肋 1

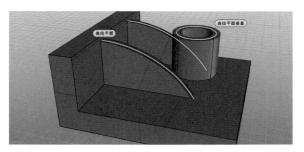

图 2-183　肋 2

2）实体编辑

　　实体编辑工具主要是针对实体或开放曲面进行的，对实体的补充调整和造型优化具有不可替代的作用。其工具包括实体修剪运算类、导角类和变形类等。

　　布尔运算类工具主要用于实体间相互合并、修剪和分割等，包括并集、差集、交集和分割几种算法（图 2-184）。布尔运算要求相互运算的两个物体在相交处无缝隙，否则容易导致运算失败。

　　【布尔运算并集】：主要用于当两个或两个以上物体相交时，减去选取的多重曲面或曲面交集的部分，并以未交集的部分组合成为一个多重曲面。

　　【布尔运算差集】：是以一组多重曲面或曲面减去另一组多重曲面 / 曲面与它交集的部分。

　　【布尔运算交集】：是减去两组多重曲面或曲面未交集的部分。

　　【布尔运算分割】：是用一组多重曲面对另一组多重曲面分割成多个部分，分割的部分就是两组物体交集的部分（图 2-185）。

知识链接：在操作过程中，需要根据命令提示按顺序进行对象选择。对于开放的曲面而言，由于布尔运算是基于实体运算的，曲面法线方向对运算结果具有重要影响，法线的改变意味着曲面正反面的调换，因此实体的认定就产生了变化。如图2-186、图2-187所示，三组一样造型的曲面，曲面法线方向有差异，同样使用布尔运算并集工具，可以产生完全不同的运算结果。

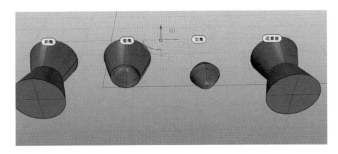

图2-184 布尔运算

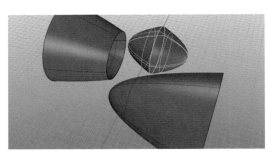

图2-185 布尔运算分割

图2-186 三组曲面

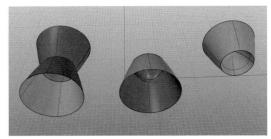

图2-187 布尔运算并集

【自动建立实体】：是以选取的曲面或多重曲面所形成的封闭空间建立实体，通过该方式可以使参与运算的曲面自动相互修剪并组合成一个实体。

【多重曲面薄壳】：主要通过删除选取的面，并以剩下的部分偏移建立有厚度的壳状实体。通过该命令可以将封闭实体变成有厚度的薄壳体。

【将平面洞加盖】：以平面填补曲面或多重曲面上边缘为平面的洞，其功能类似【以平面曲线建立曲面】，产生的曲面与条件曲面组合成一体，有时可以通过该方式使多重曲面封闭为实体。

【抽离曲面】：主要用于复制或分离多重曲面的个别曲面，通过该工具可以将多重曲面的某些曲面单独分离成单一曲面，其他多重曲面仍然保持组合状态。

【不等距边缘圆角】：在多重曲面上选取的边缘建立不等半径的圆角曲面，修剪原来的曲面并与圆角曲面组合在一起（图2-188）。单击不等距边缘圆角工具，选择长方体一条边缘，回车后可以分别设置边缘两端的半径，结束后如图2-189所示。不等距边缘斜角与不等距边缘圆角原理和操作方式类似。

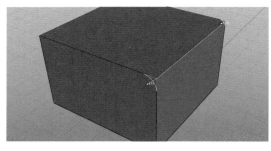

图2-188 不等距边缘圆角

图2-189 不等距边缘圆角

实体编辑命令还有一系列命令，包括线切割、挤出面、移动边缘、面分割、建立圆洞、复制圆洞、旋转洞和阵列洞等工具，主要用作实体分割、移动变形、加洞等功能，此处不再详述。

3. 案例解析

案例 1：无叶片风扇

通过本案例，重点练习布尔运算系列工具的基本用法，学习如何通过曲面组合成实体，并通过实体运算得到主体造型和细节特征。

操作步骤：

STEP1：在前视图绘制一个半径为 13 的圆形，并使用【偏移曲线】🦴 工具向内偏移一个圆形，距离为 0.8，在透视图中打开操作轴，单击红色轴线，在弹出的文字框中输入移动距离 2，最后使用【镜像】⟨⟩ 工具将圆镜像一份至另一侧（图 2-190～图 2-192）。

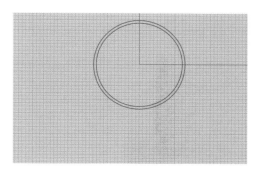

图 2-190　偏移曲线

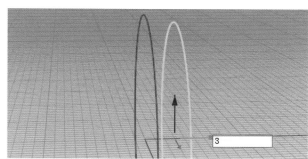

图 2-191　移动曲线

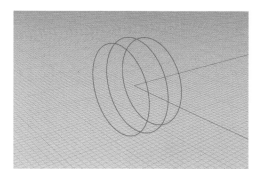

图 2-192　镜像曲线

图 2-193　放样曲面

STEP2：使用【放样】🖼 工具，利用生成的三条曲线创建曲面，如图 2-193 所示。使用【将平面洞加盖】🎁 将曲面封闭成实体（图 2-194）。

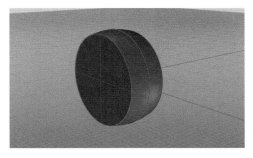

图 2-194　平面洞加盖

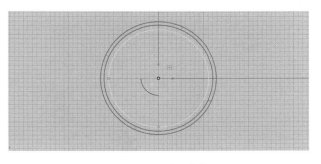

图 2-195　偏移曲线

STEP3：在前视图，利用原有的圆形偏移一个更小的圆，并使用【直线挤出】工具挤出一个圆柱体，穿过封闭实体，使用【布尔运算差集】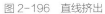工具将封闭实体修剪成环状造型（图2-195~图2-197）。

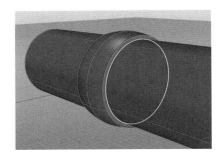

图2-196　直线挤出

图2-197　布尔运算差集

STEP4：在现有物体正下方绘制一个直径略大于环状实体圆形（图2-198），在透视图中使用【挤出锥状物】🔲 工具挤出一个如图2-199所示的圆锥体。使用【布尔运算分割】工具利用环状实体对其进行分割（图2-200），删除上面部分，使用【布尔运算并集】将下面部分组合成一体（图2-201）。

图2-198　绘制圆形

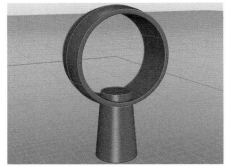

图2-199　锥状挤出

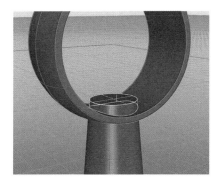

图2-200　布尔运算分割

图2-201　布尔运算并集

STEP5：使用【不等距边缘圆角】🔲 工具对实体衔接处进行倒角（图2-202）。在前视图绘制一个圆角矩形（图2-203），并使用移动工具将其位置移到实体正前方，如图2-204所示，使用【凸毂】🔲 工具在实体表面生成一个凸台，参数中选择〈模式＝锥状〉，拔模角设置为5（图2-205）。

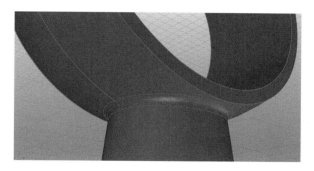

图 2-202　不等距边缘圆角

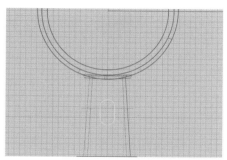

图 2-203　圆角矩形

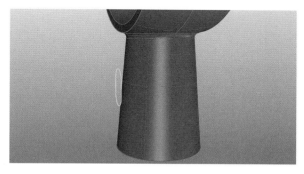

图 2-204　凸毂 1

图 2-205　凸毂 2

STEP6：使用【不等距边缘斜角】🔲，设置斜角大小为 0.5，选择实体底部边缘进行倒斜角处理。再使用【抽离曲面】🗂，将圆环两侧平面抽离出来并删除，之后用【混接曲面】🔄 将两侧的面补上，最后将所有曲面组合成一体，如图 2-206～图 2-209 所示。

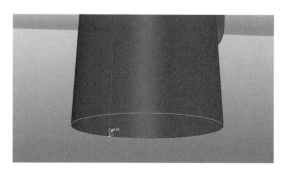

图 2-206　不等距边缘斜角

图 2-207　抽离曲面

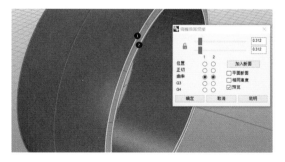

图 2-208　混接曲面 1

图 2-209　混接曲面 2

STEP7：在圆环内部环形曲面上使用【抽离结构线】✍ 提取出一条最低点处结构线（图 2-210），使用【建立圆洞】▨ 工具在圆环底部建立圆洞（图 2-211），半径大小为 2，通过锁定结构线中点使圆洞居中。然后在侧面绘制一个多重曲线，如图 2-212 所示，在其右侧倒圆角，使用【线切割】◈ 工具对实体进行切割，选择参数〈两侧 = 是〉（图 2-213），切割结果如图 2-214 所示。

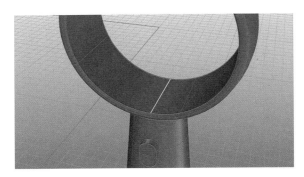

图 2-210　抽离结构线

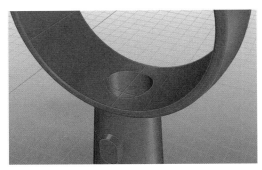

图 2-211　建立圆洞

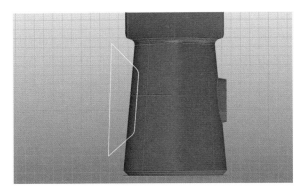

图 2-212　绘制轮廓线

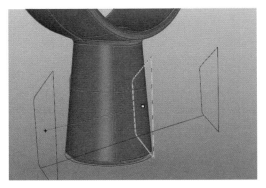

图 2-213　线切割 1

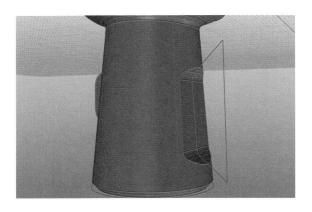

图 2-214　线切割 2

STEP8：在前视图绘制三个圆形（图 2-215），并移动至底部凸台前端面（图 2-216），使用【直线挤出】▥ 得到三个圆柱体，参数选择〈两侧 = 否〉，生成三个按键（图 2-217）。再次选择三个圆形并直线挤出三个圆柱体，参数选择〈两侧 = 是〉（图 2-218），使用【布尔运算差集】◈ 工具，利用三个圆柱体对底部凸台进行修剪（图 2-219），最后将曲线隐藏，得到如图 2-220 所示的无叶片风扇基础造型。

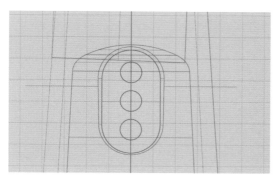

图 2-215 绘制圆形

图 2-216 移动圆形至端面

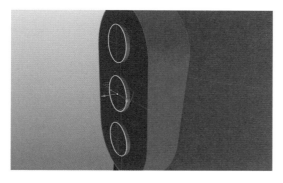

图 2-217 挤出按键

图 2-218 挤出圆柱体

图 2-219 布尔运算差集

图 2-220 渲染效果

4. 设计实践

吹风机设计建模

建模要点讲解：该案例主要是学习准确构建轮廓曲线，通过双轨曲面生成主体。在吹风机出风口创建中，当生成曲线时，一定要借助结构线与新生成曲线保持曲线连续性。在创建把手时，巧妙地多次连续使用混接曲面生成封闭的实体空间是本案例的特色。进风口网格中，充分利用了已有曲面，灵活使用结构线分割，生成基础曲面，通过环形阵列、实体布尔运算等工具做出孔的造型。

建模步骤：

STEP1：使用【放置背景图】 ⦿ 置入背景图，绘制电吹风侧面轮廓曲线（图 2-221），在透视图中使用两点画圆创建一个圆形，如图 2-222 所示。

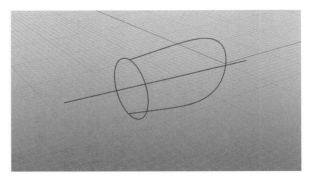

图 2-221　绘制轮廓线

图 2-222　绘制圆形

STEP2：使用【双轨扫描】 🔧 工具创建吹风机主体圆筒（图 2-223），参数默认。绘制出风筒侧面轮廓，并使用【衔接】 ～ 工具使该轮廓曲线与吹风筒该处结构线保持 G2 连续（图 2-224）。基于此绘制椭圆形出风口，打开【四分点】锁定，分别以圆形和椭圆形四分点为端点绘制左面对称的两条轮廓曲线（图 2-225），并使用【衔接】 ～ 工具使该轮廓曲线与吹风筒该处结构线保持 G2 连续。使用【双轨扫描】 🔧 工具创建吹风机出风口圆筒造型（图 2-226）。

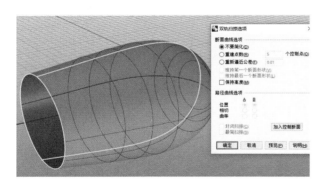

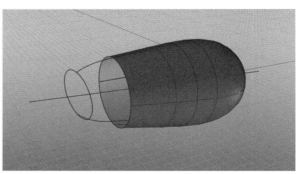

图 2-223　双轨扫描 1

图 2-224　创建曲线

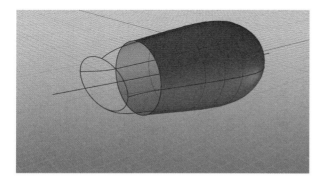

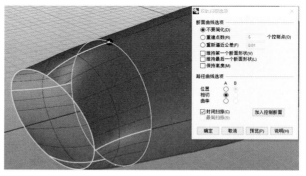

图 2-225　曲线衔接

图 2-226　双轨扫描 2

STEP3：在前视图绘制把手轮廓线（图 2-227），完成后使用【弧形混接】 ⌇ 分别在上下两端连接左右两段曲线，并将生成的混接曲线与轮廓曲线组合起来（图 2-228），使用【偏移曲线】 ⟍ 向内进行偏移（图 2-229）。打开【操作轴】，切换至透视图将偏移缩小的曲线向外移动一定距离，并使用【镜像】 ⬕⬔ 工具左右镜像一份，得到如图 2-230 所示的一组曲线。

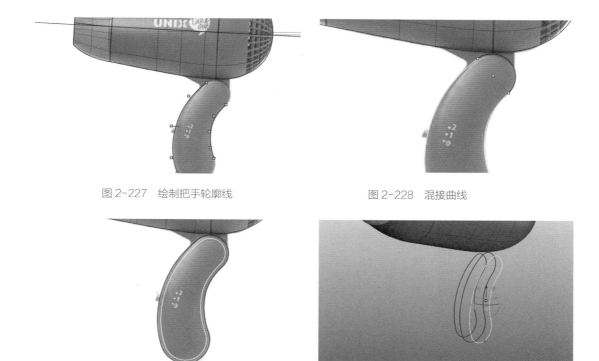

图 2-227　绘制把手轮廓线　　　　　　图 2-228　混接曲线

图 2-229　偏移曲线　　　　　　图 2-230　镜像曲线

STEP4：使用【放样】 创建把手主体曲面，并使用【混接曲面】 对两侧曲面进行连接（图 2-231），完成后再次使用【混接曲面】 修补缺口，如图 2-232 所示将混接得到的曲面镜像至另一侧，并组合所有把手主体曲面（图 2-233、图 2-234）。

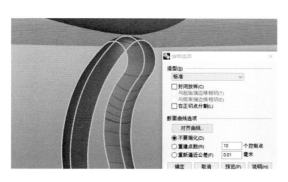

图 2-231　放样曲面

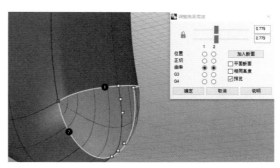

图 2-232　混接曲面

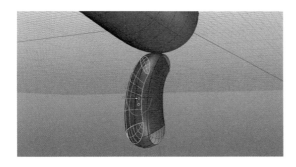

图 2-233　镜像曲面

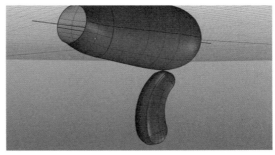

图 2-234　组合曲面

STEP5：在前视图绘制轮廓曲线（图 2-235），完成后使用【直线挤出】🔲 得到实体造型（图 2-236），复制一份，使用【布尔运算差集】🫧 以把手为对象进行差集运算。

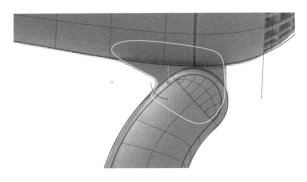

图 2-235　绘制轮廓线

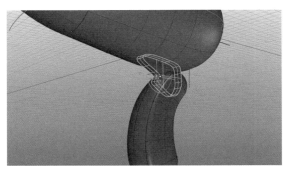

图 2-236　挤出曲面

STEP6：在俯视图中绘制一条切割曲线，使用【直线挤出】🔲 创建曲面，使用【自动建立实体】🧊 对出风口进行封闭，并使用【多重曲面薄壳】⬡ 进行抽壳（图 2-237～图 2-240）。

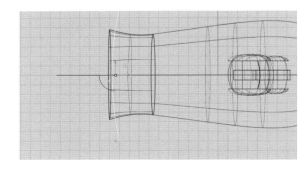

图 2-237　绘制切割曲线

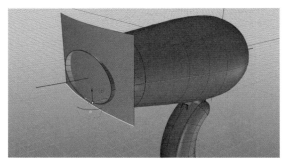

图 2-238　挤出切割曲面

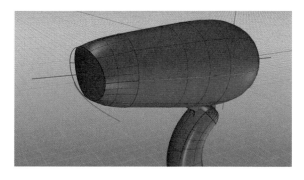

图 2-239　自动建立实体

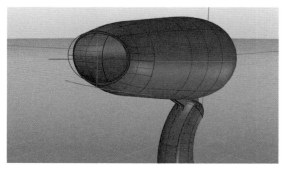

图 2-240　抽壳

STPE7：使用 STEP5 中挤出的实体造型与吹风机抽壳后的实体进行布尔运算分割（图 2-241），在前视图中创建一条曲线，并使用【线切割】🫧 工具对吹风机主体进行分割，切割间距为 0.2 个单位（图 2-242）。

STEP8：为了创建背部进风口造型，先复制壳体备份并【隐藏】💡，然后使用【抽离结构线】提取 UV 两个方向的结构线，如图 2-243 所示，并使用【修剪】✂ 工具对结构线进行修剪，得到如图 2-244 所示曲线，使用曲线对曲面进行【分割】⏣，得到分割曲面，删除其余的曲面，并将隐藏的备份壳体使用【显示】💡 出来，

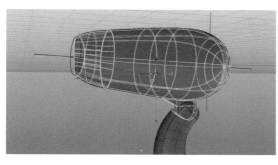

图 2-241　布尔运算分割

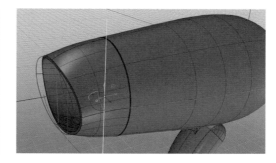

图 2-242　用线切割实体

以此曲面为条件曲面使用【偏移曲面】  工具偏移得到实体（图 2-245），其中选择〈实体＝是〉、〈两侧＝是〉参数，偏移距离为 3。使用【环形阵列】 工具以管状物体轴线为中心将偏移得到的实体进行阵列，数量为 30，得到如图 2-246 所示陈列实体，完成后使用【布尔运算差集】进行差集运算（图 2-247）。

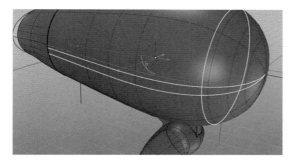

图 2-243　抽离曲面结构线

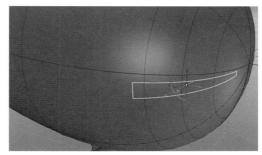

图 2-244　修剪曲线

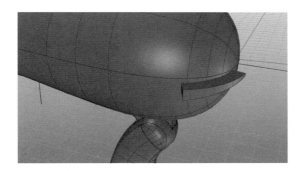

图 2-245　偏移实体

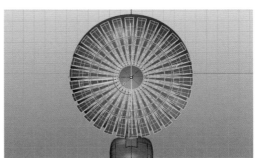

图 2-246　环形阵列

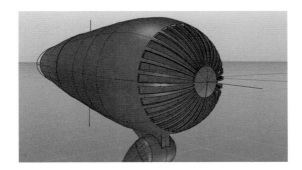

图 2-247　布尔运算差集

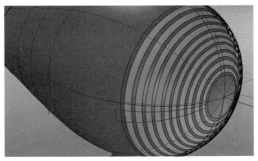

图 2-248　结构线分割曲面

第 2 章　计算机辅助工业设计实训

089

STEP9：隐藏布尔运算得到的实体，再次显示调用备份壳体，抽离出曲面，使用【以结构线分割曲面】 ⊿ 将曲面分割成一系列修剪曲面（删除剩余曲面）（图 2-248～图 2-249），将这些修剪曲面分别使用【偏移曲面】 🐚 工具偏移得到实体（图 2-250、图 2-251），显示隐藏的实体如图 2-252 所示。

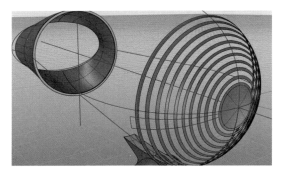

图 2-249　删除多余曲面

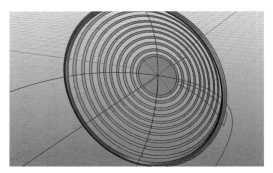

图 2-250　偏移曲面

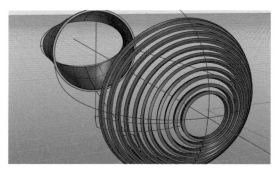

图 2-251　偏移曲面得到实体

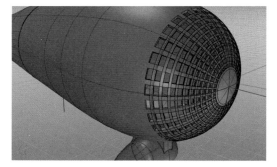

图 2-252　显示隐藏实体

STEP10：下面制作把手上的按键，首先在右视图居中创建一个圆角矩形（图 2-253），通过【偏移曲线】将其偏移得到一个略小的矩形，使用【投影曲线】 👆 将其投影到把手曲面表面（图 2-254），复制一份把手实体物件，并备份隐藏，使用【抽离曲面】 📚 将把手前曲面抽离出来，删除其余曲面，分别使用两个投影曲线分割得到按键曲面，并通过【偏移曲面】 🐚 得到实体，将把手实体物件显示调用出来，使用该偏移实体对其进行布尔运算差集，得到如图 2-255 所示的按键基础造型。

图 2-253　绘制圆角矩形

图 2-254　投影曲线

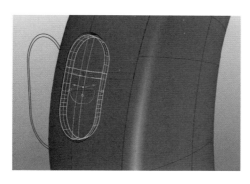

图 2-255　偏移曲面得到实体

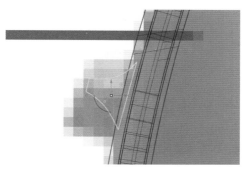

图 2-256　绘制按键轮廓线

STEP11：在前视图中按键位置处绘制一个封闭曲线（图 2-256），使用【直线挤出】▇ 工具将其挤出成按键实体造型（图 2-257），并使用【布尔运算并集】🔵 与前面按键实体基础造型合并，最终效果如图 2-258 所示。

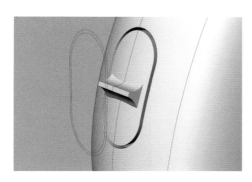

图 2-257　挤出按键实体

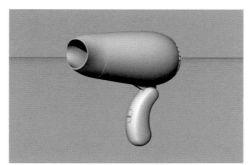

图 2-258　渲染效果

小结：本案例主要通过基础创建工具创建主体曲面，并将其封闭后抽壳而成实体。其主要特点是利用现有曲面抽离其结构线分割曲面，得到实体后进行布尔运算，可以得到吹风机的进风口格栅。这种方法在许多类似案例中较为常用，可以做到高效、准确和便捷。把手创建中使用混接曲面连接两个曲面并形成封闭造型也是简单方便的建模方式。

2.1.6 课题 6 变形与分析

1. 课题要求

课题名称：变形与分析及实践训练

课题内容：学习变形与分析工具，掌握此类工具的基本用法和生成原理，了解其使用条件和要求。

教学时间：4 学时

教学目的：通过学习变形与分析工具，能够有效地对曲线、曲面及实体等对象进行各类变形、移动、复制、定位和分析等操作，通过这些工具，可以提高建模的效率，提升建模的准确度和造型的复杂度。

作业要求：完成 1 个案例分析和 1 个设计实践练习，熟悉工具的用法和主要参数。

2. 知识点

变形与分析工具对于曲面的深度编辑具有不可替代的作用，通过变形工具，可以对物件进行移动、旋转、镜像、阵列等操作，使造型变化更为丰富。分析工具主要对物件进行法线、曲率、连续性和光顺度分析，从而对物体做出相应的分析判断。

【移动】：将物件从一个位置移动至另一个位置，可以精确设定移动的距离，也可以通过点到点的定位进行移动。

【柔性移动】：也称不等量移动，可以根据设定的方式不等量移动一组物件，物件的移动距离由基准点往外衰减。其衰减方式包括中心点、曲线和曲面，如图 2-259 所示。

【2D/3D 旋转】：将物件绕着与工作平面垂直的中心轴旋转。通过中心点或中心轴可以将物体绕中心进行旋转。

【缩放】：包括单轴缩放、二轴缩放、三轴缩放和不等比缩放四种方式。通过不同方式的缩放，可以按多种方式对物体进行缩放。

【镜像】：镜像并复制物体，镜像方式包括轴对称镜像和面对称镜像。主要参数选项有：〈三点〉——通过三点定义平面进行面镜像，〈复制〉——镜像同时复制对象。

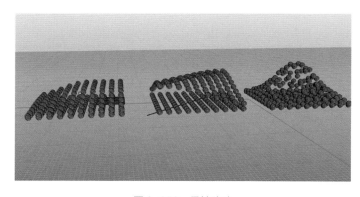

图 2-259 柔性移动

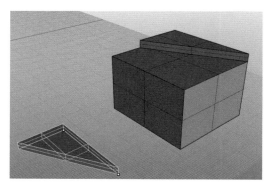

图 2-260 定位

【定位】：将物件以两个参考点对应到两个目标点进行重新定位，通过定位可以将一个对象点对点定位至另一个物件上，选择〈复制〉参数时可以同时复制对象（图 2-260）。参数选项：〈复制〉和〈缩放〉，定位时可以选择单轴、三轴等缩放方式。

【定位至曲面】：参考曲面的法线将物件定位至曲面上，可使物件紧贴曲面（图2-261）。主要参数选项：〈曲面上〉——设定起始基准点于曲面上，这个选项适用于要定位的物件已经位于曲面上，但需要复制或移动的情形。〈缩放比〉——定位同时进行缩放。〈硬性〉——指物件定位时变形与否，选择"否"物件会变形以贴合曲面表面。

【定位至曲线上】：依照曲线的方向将物件定位至曲线上（图2-262）。参数选项：〈垂直〉——将物件定位与曲线垂直，目前工作平面的 Z 轴会对应至曲线的方向。〈旋转〉——旋转定位至曲线上的物件，以曲线为转轴自由旋转。

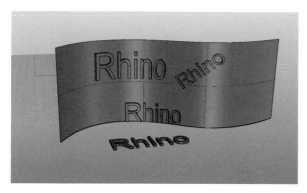

图 2-261　定位至曲面

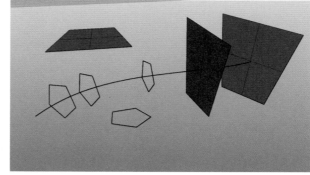

图 2-262　定位至曲线上

阵列是按一定几何方式批量复制的常用工具，包括矩形阵列、环形阵列、直线阵列、曲线阵列、沿曲面阵列和沿曲面上的曲线阵列。

【矩形阵列】：是将物件的副本以列、栏、层（X、Y、Z）的方式排列。主要参数包括 X、Y、Z 的数目和间距设定，可以通过绘制矩形长、宽、高来定义间距（图2-263）。

【环形阵列】：是绕着指定的中心点生成物件的副本，数目可以自由定义。

【沿曲线阵列】：是沿着曲线以固定间距生成物件副本。阵列的方式有项目数或项目间距，项目数是设定项目的数量，系统会根据曲线的长度计算出项目间距。

【沿曲面阵列】：是沿着曲面以列与栏的方式摆放物件副本。该命令以曲面上 UV 方向为参考进行阵列，因此在复杂曲面上其阵列间距不均，阵列物件在曲面上的定位是参考曲面的法线方向（图2-264）。

【沿曲面上的曲线阵列】：是沿着曲面上的曲线摆放物件副本，物件副本会随着曲线的形状扭转。阵列物件在曲面上的定位是参考曲面的法线方向（图2-265）。

【直线阵列】：是在单一方向上等间距复制物件，设置固定间距和数目即可得到呈直线分布的阵列物件（图2-266）。

图 2-263　阵列

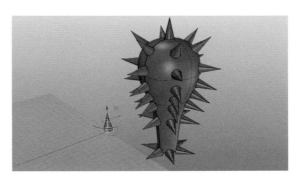

图 2-264　沿曲面阵列

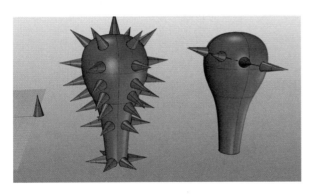

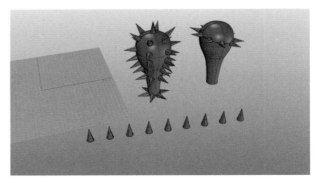

图 2-265　沿曲面上的曲线阵列　　　　　　　　　　　图 2-266　直线陈列

变形工具是一组用于对物件进行各种变形的工具，其中包括扭转、弯曲、锥状化、沿着曲线流动、沿着曲面流动和球形对变等。

【扭转】 ：是绕着一个轴线扭转物件，有〈复制〉、〈硬性〉和〈无限延伸〉三个参数，其中〈硬性〉——指扭转时物件不会变形，〈无限延伸〉——指即使轴线比物件短，变形影响范围还是会及于整个物件。

【沿着曲线流动】 ：是将物件或群组以基准曲线对应至目标曲线。可以将对象按设定的曲线形状为参照进行变形，如图 2-267 所示。参数选项：〈直线〉——执行命令过程中画出一条直线作为基准曲线。〈延展〉——物件在流动后会因为基准曲线和目标曲线的长度不同而被延展或压缩。

【使平滑】 ：均化指定范围内曲线控制点、曲面控制点、网格顶点的位置，以小幅度渐进均化选取的控制点的间距，适用于局部除去曲线或曲面上不需要的细节与自交的部分，可以使曲线或曲面更加光顺平滑。

【沿着曲面流动】 ：将物件从来源曲面对变（Morph）至目标曲面。可以使物件沿着复杂曲面表面进行变形分布。参数选项：〈平面〉——执行命令过程中画出一个平面作为基准平面，如图 2-268 所示，水平面上排列的球体紧贴着阵列于曲面表面，阵列的间距取决于基准平面与目标曲面之间的大小比例。

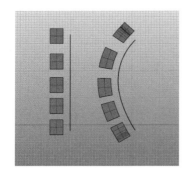

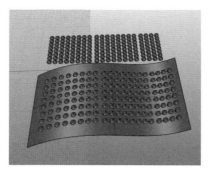

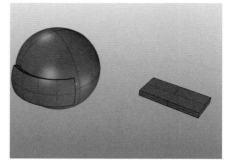

图 2-267　沿着曲线流动　　　　　　图 2-268　沿着曲面流动　　　　　　图 2-269　球形对变

【球形对变】 ：以球体为参考物件将物件包覆到曲面上，使物体通过球面变形紧贴于曲面。如图 2-269 所示，地面上的矩形通过球形对变紧贴于球面。

【UDT 变形】 ：以曲线、曲面或其他物件当作变形控制器的控制物件，对受控制的物件做平滑的变形。其意义在于通过简单形状控制调整复杂物件的变形。与之配套的还有：【从变形控制器中释放物件】、【选取控制物件】和【选取受控制物件】。如图 2-270、图 2-271、图 2-272 所示，分别是用简单曲线和平面去控制复杂的长方体和曲面，从而更方便地调整复杂物体的造型。

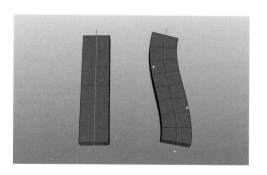

图 2-270　曲线变形控制器

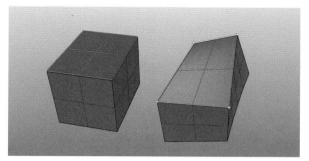

图 2-271　平面变形控制器

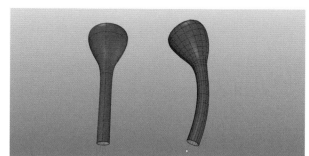

图 2-272　曲线变形控制器

分析工具：用于对物件进行分析检测，主要包括连续性、法线、曲率等物件特性的检测。可以有效帮助我们分析曲面的特性。

【分析方向】：用于显示与编辑物件的方向，通过反转法线方向，可以改变曲面正反面设置，通过设置参数〈反转 U〉、〈反转 V〉、〈对调 UV〉可以对曲面 UV 方向进行调整（图 2-273、图 2-274）。

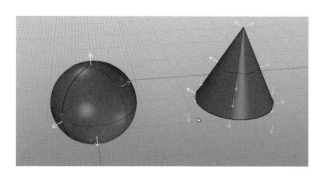

图 2-273　分析方向

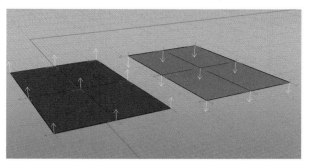

图 2-274　反转法线方向

【曲率图形】：使用曲率图形分析曲线或曲面的曲率，可以体现出曲率变化程度，反映节点位置、曲线间的连续性（图 2-275）。

【曲线连续性】：用于检测两条相接的曲线之间的几何连续性。

【斑马纹分析】：使用条纹贴图分析曲面的平滑度与连续性。通过这种方式可以以图形化的方式检测曲面光顺度，粗略分析曲面的连续性（图 2-276）。

知识链接：当曲面连接处斑马线为断开时，一般为位置连续，当斑马线连续但明显有转折时，曲面为相切连续，当斑马线光顺地连接在一起时曲面为曲率及以上连续性。

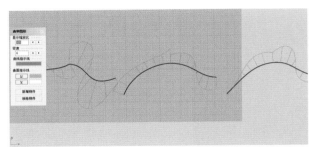

图 2-275　曲率图形

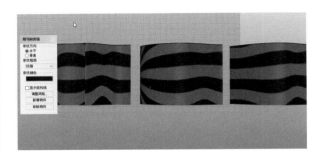

图 2-276　斑马纹分析

【显示边缘】：用颜色提示曲面与多重曲面的边缘。根据显示要求可以显示所有边缘或外露边缘。曲面的边缘可以是修剪过的或未修剪的（图 2-277）。

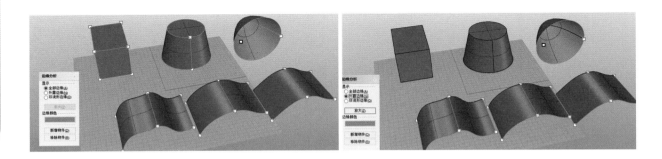

图 2-277　显示边缘与外露边缘

【分割边缘】与【合并边缘】：将曲面单一边缘分割成若干段，或同一个曲面的数段相邻边缘合并为单一边缘。当曲面边缘的长度过长时，可以将其分割成理想的长度。【合并边缘】刚好相反，是将多段边缘线连接成单一边缘线。

3. 案例解析

本案例以基础几何造型为主体，通过各种变形工具的应用，使产品造型形成相互组合关系，从而使整体造型更加丰富。

操作步骤：

STEP1：在顶视图绘制一个球体，切换到前视图球体旁边绘制另一个小球体，使用【环形阵列】将小球体阵列成 3 个小球体，如图 2-278、图 2-279 所示。

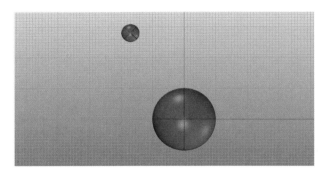

图 2-278　创建球体

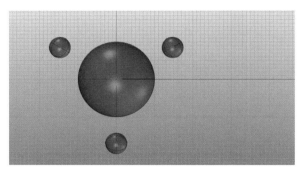

图 2-279　阵列小球体

STEP2：绘制大球体与小球体之间的公垂线（图 2-280），使用【延长曲线】⌁ 工具稍微延长公垂线两端，并使用实体工具中的【圆管】👋 生成一个圆管（图 2-281），使用【偏移曲面】🖐 对圆管进行偏移，得到比现有圆管更大的圆管造型（图 2-282）。

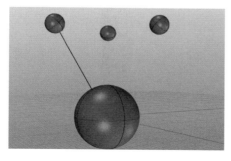

图 2-280　创建公垂线

图 2-281　生成圆管

STEP3：使用大圆管对两个球体进行分割（图 2-283），另外在前视图绘制两条直线，位置如图 2-284 所示，通过两直线对圆管进行修剪，使用【混接曲面】🖐 工具在球体与圆管之间生成混接曲面，如图 2-285 ～图 2-287 所示。

图 2-282　偏移圆管

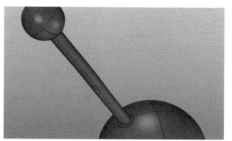

图 2-283　分割球体

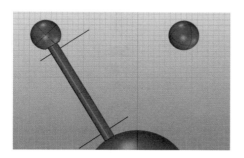

图 2-284　创建修剪直线

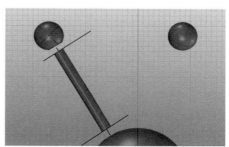

图 2-285　修剪圆管

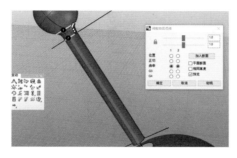

图 2-286　混接曲面

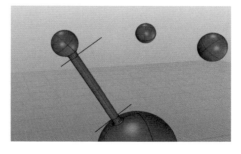

图 2-287　混接曲面

STEP4：将混接后生成的混接曲面与小球一起通过【环形阵列】 阵列成 3 个一样的物件，如图 2-288 所示。旋转视图使大球体朝上，在平面上创建一个圆角矩形，通过【直线挤出】 挤出一定厚度的实体如图 2-289、图 2-290 所示。最后使用【球形对变】 工具将挤出实体贴到球面上，位置如图 2-291 所示。

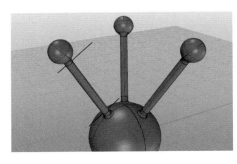

图 2-288　复制混接面

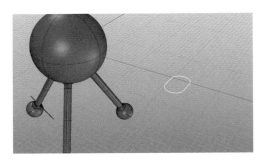

图 2-289　创建圆角矩形

图 2-290　挤出实体

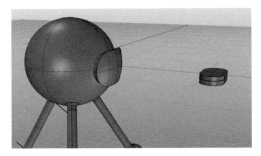

图 2-291　球形对变

STEP5：使用【文字物件】 创建 ROBOT 实体字样造型，并使用【定位】 进行将字体定位到曲面上（图 2-292、图 2-293），效果如图 2-294 所示。

图 2-292　创建文字物件

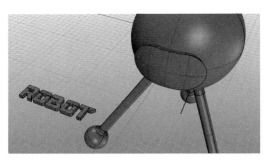

图 2-293　挤出文字实体

图 2-294　定位至曲面

STEP6：首先创建一个小球体（图2-295）；在侧视图中创建一个曲线，随后将曲线通过【投影曲线】将其投影至大球体，如图2-296所示。使用【沿着曲面上的曲线阵列】将小球体阵列至大球体表面（图2-297），最终效果如图2-298所示。

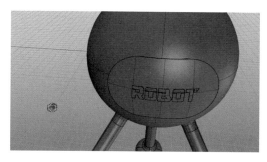

图2-295 创建小球体

图2-296 投影曲线

图2-297 沿着曲面上的曲线阵列

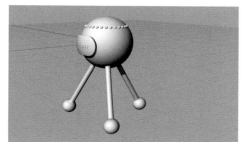

图2-298 渲染效果

4．设计实践

建模要点讲解：本案例主要通过创建曲线作为建模基本轮廓，利用曲线创建主要曲面，曲面完成后组成实体，对实体进行抽壳和实体布尔运算，完成后进行细节的创建。其中利用曲面边缘往曲面法线方向生成挤出曲面，并以此为条件对实体进行布尔运算分割，其特点为充分利用现有物件对物件进行编辑，以保持建模的准确度。

主要使用工具：【单轴缩放】、【镜像】、【放置背景图】、【放样】、【衔接曲面】、【布尔运算差集】、【薄壳】和【往曲面法线方向挤出曲线】等工具。

建模步骤：

STEP1：使用【放置背景图】在顶视图和前视图中分别置入背景图，绘制边缘辅助线，参考辅助线对背景图进行比例大小和位置的调整，保持比例和位置对齐一致（图2-299、图2-300）。

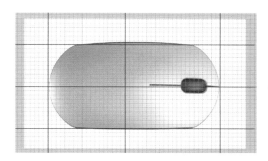

图2-299 置入背景图1

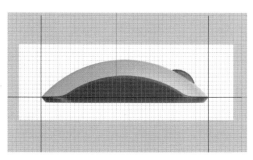

图2-300 置入背景图2

STEP2：根据背景图在顶视图中绘制 4 条轮廓曲线，保持上下对称关系（图 2-301），在前视图中绘制顶部轮廓曲线（图 2-302）和边缘轮廓曲线。镜像边缘轮廓曲线（图 2-303），其中注意打开端点锁定，顶部轮廓曲线必须居中，因此需要锁定前后两条曲线中点。

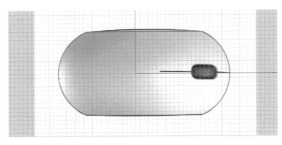

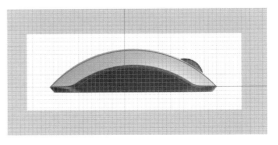

图 2-301　绘制轮廓曲线 1　　　　　　　　　　图 2-302　绘制轮廓曲线 2

STEP3：复制底部轮廓线（图 2-304），并向下移动背景图中鼠标的底部，使用【单轴缩放】⬚ 对复制得到的轮廓曲线进行缩放，位置如图 2-305 所示。使用曲面【放样】⬚ 工具（图 2-306），创建顶部曲面，完成后使用【衔接曲面】⬚ 工具将放样曲面边缘与曲线进行衔接（图 2-307），使曲面边缘和曲线位置重合（图 2-308、图 2-309）（注：通过衔接曲线可使曲面与曲线位置完全重合，另外，可根据需要打开曲面控制点调整曲面造型）。

图 2-303　镜像复制曲线

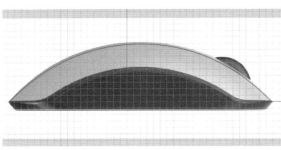

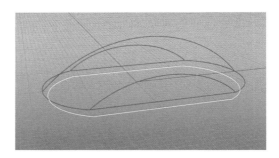

图 2-304　复制底部曲线　　　　　　　　　　　图 2-305　条件曲线

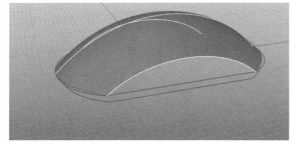

图 2-306　放样曲面　　　　　　　　　　　　　图 2-307　衔接曲面

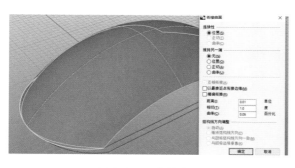

图 2-308　衔接曲面

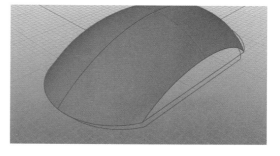

图 2-309　衔接曲面后

STEP4：在两侧分别连接两条曲线端点创建曲线（图 2-310），使用【边缘曲线创建曲面】 创建侧边曲面（图 2-311），完成后使用【镜像】 工具对其进行左右镜像。使用【边缘曲线创建曲面】 创建前后底部曲面（图 2-312），曲面完成后选择所有曲面，使用【组合】 将所有曲面组合成多重曲面（图 2-313）。

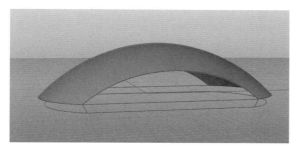

图 2-310　创建直线段

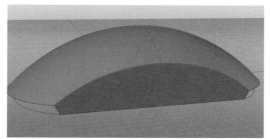

图 2-311　创建曲面

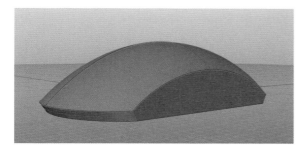

图 2-312　创建前后底部曲面

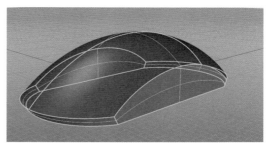

图 2-313　组合

STEP5：使用实体工具中的【将平面洞加盖】 对多重曲面（图 2-314）进行封闭形成实体鼠标造型（图 2-315）。完成后使用【不等距离边缘圆角】 对鼠标实体四个角的边缘分别进行半径为 3 的倒角（图 2-316、图 2-317）。之后对鼠标上边缘一圈边缘线进行半径为 0.6 的倒角（图 2-318、图 2-319）。

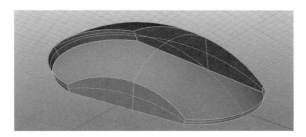

图 2-314　上壳

图 2-315　平面洞加盖

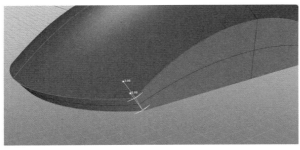

图 2-316　倒圆角

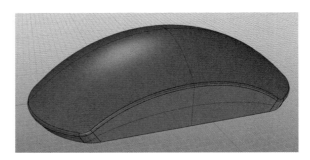

图 2-317　四个边全部倒圆角

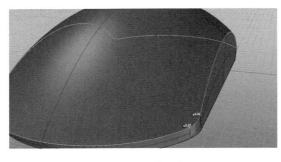

图 2-318　倒圆角

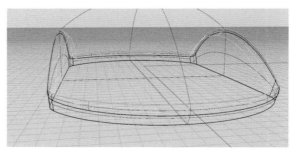

图 2-319　整体效果

STEP6：使用实体工具【薄壳】🔷对实体进行抽壳。使用从物件建立曲线【复制边框】📐对鼠标顶盖曲面提取边缘曲线（图 2-320），并使用【往曲面法线方向挤出曲线】向内挤出垂直于顶盖曲面的曲面（图 2-321）。选择曲面，垂直向上移动距离 0.3 个单位。使用实体工具中【布尔运算分割】🔵对鼠标壳体进行分割（图 2-322），将鼠标上盖分离成独立实体，如图 2-323 所示。

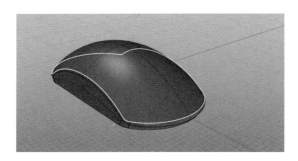

图 2-320　复制边框

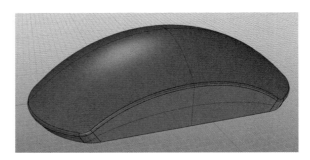

图 2-321　往曲面法线方向挤出曲线

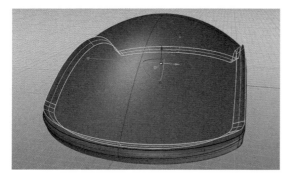

图 2-322　布尔运算分割

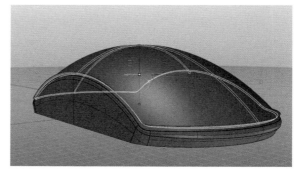

图 2-323　分割后

STEP7：在鼠标滚轮区域使用【曲面法线】居中创建一条垂直于曲面的直线（图2-324），在工作平面创建一个圆角矩形，使用【垂直定位至曲线】将圆角矩形放置于曲面表面，并垂直于直线（图2-325）。利用圆角矩形直线挤出实体（图2-326），使用挤出实体对鼠标顶盖进行【布尔运算差集】，如图2-327所示。在侧视图使用【三点画圆】绘制圆形作为鼠标滚轮顶部轮廓线（图2-328），通过【偏移曲线】绘制出一组缩小的圆形，并通过移动绘制出鼠标滚轮整体轮廓（图2-329）。使用【放样】创建滚轮外围曲面（图2-330），使用【将平面洞加盖】对外围滚轮曲面进行实体封闭（图2-331）。

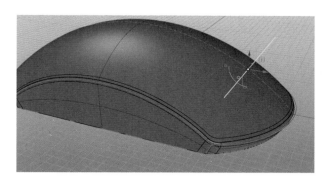

图 2-324 曲面法线

图 2-325 垂直定位矩形

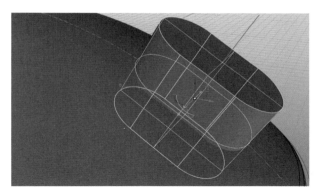

图 2-326 挤出实体

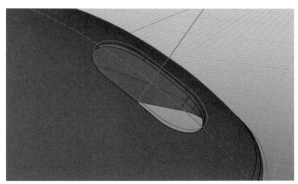

图 2-327 布尔运算差集

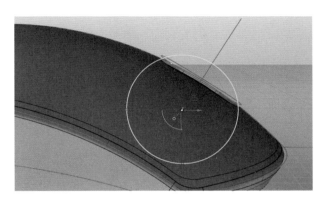

图 2-328 绘制圆形

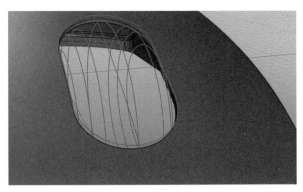

图 2-329 复制圆形

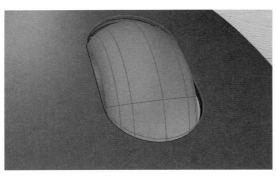

图 2-330 放样曲面

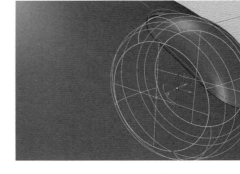

图 2-331 封闭实体

STEP8：在顶视图使用【矩形 – 中心点】▢绘制一个长条形矩形，位置居中，并挤出实体，使用矩形实体与鼠标顶盖进行【布尔运算差集】🔵生成一条缝隙，并在底部生成鼠标底盖（图 2-332～图 2-334），最终效果如图 2-335 所示。

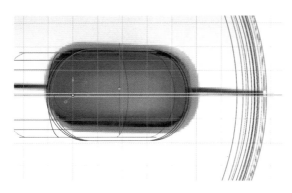

图 2-332 绘制长条形矩形

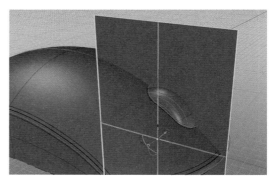

图 2-333 挤出实体

图 2-334 布尔运算差集

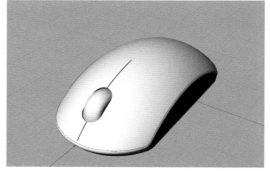

图 2-335 渲染效果

小结：本案例中使我们明白，背景图能有效辅助作图，以确保建模的准确性，但由于背景图在放置过程中容易产生误差，需要根据实际情况进行矫正，可以通过物件锁点确保精度和准确度。通过绘制条件曲线，可以生成精准的曲面，通过曲面的围合，可以组成实体，很多复杂造型都是通过这种方式创建而成的。

2.1.7　课题 7　T-Splines 自由曲面建模基础

1. 课题要求

课题名称：T-Splines 自由曲面建模

课题内容：学习 T-Splines 基础工具，掌握 T-Splines 基本原理和基本用法，了解其与 Rhino 建模的异同点。

教学时间：6 学时

教学目的：通过学习 T-Splines 插件软件，掌握该插件与 Rhino 相结合的使用方法，优势互补，学会创建一些基础的自由曲面造型。

作业要求：完成 T-Splines 基础理论和基础工具的学习，2 个模型案例分析与练习，熟悉工具的用法和参数特性。

2. 知识点

1）T-Splines 基本概念与基础命令

T-Splines，作为 NURBS 细分形式补充的新建模方式，是由 T-Splines 公司领导开发的一种全新建模技术，它结合了 NURBS 和细分表面建模技术的特点，虽然和 NURBS 很相似，不过它极大地减少了模型表面上的控制点数目，可以进行局部细分和合并两个 NURBS 面片等操作，使你的建模操作速度和渲染速度都得到提升，在 Rhino 建模掌握之后，可以学习 T-Splines，通过 T-Splines 建模提升自己的建模速度和造型能力。

与 Rhino 相比，T-Splines 是一种全新的建模技术。在快速成型和建立不规则曲面方面，Rhino 的建模与之相比可能会显得比较呆板，操作复杂且比较费时，而 T-Splines 建模则要比 Rhino 更加便捷省时，曲面的造型上可能会更加生动。

TS 基础命令：

左键：转换一个未修剪 NURBS 曲面到 TS 曲面，右键：转换一个未修剪 NURBS 曲面到 TS 曲面

建立 TS 方体

建立 TS 平面

建立 TS 球体

建立 TS 圆柱形

建立 TS 椎体

建立 TS 圆环

左键用线框构建曲面，右键显示线框

TS 放样，与 Rhino 放样用法相同

由不规则的网状曲线建立 TS 曲面

XYZ 轴移动

XYZ 轴旋转

XYZ 轴缩放

设置支点

选择点

选取这点周边的点

取消这点周边点的选择

选取这条线一周的边线

选取这条线一排的边线

扫鼠标路过的点

光滑开关，转 Smooth

标准化

挤出、拉伸曲线、边缘、面

镜像，与 Rhino 对称作用相同，被镜像出的部分会与原本模型同步

抽壳

增加褶皱，右键取消褶皱

添加控制点

添加控制线

控制点延伸曲面

打孔

桥接

删除

细分面

复制面

焊接点，将多个控制点合并为一个控制点

焊接边线，将两条曲线合并为一条曲线

匹配曲面

左键星点和 T 点之间的转换，右键是均匀化

TS 网格转换

改变法线方向

相交线相切割

直线拉伸

拼合顶点

调整控制点权重

基础设置

2）T-Splines 基础操作讲解

（1）挤出直线、挤出曲面讲解

STEP1：用 Rhino 画一个圆（大小尺寸自定）。单击 （挤出、拉伸曲线、边缘、面）选取圆，Enter 确定。单击打开 XYZ 去除缩放轴，缩放这个圆。再打开 XYZ 转换轴，拉伸模型，如图 2-336。

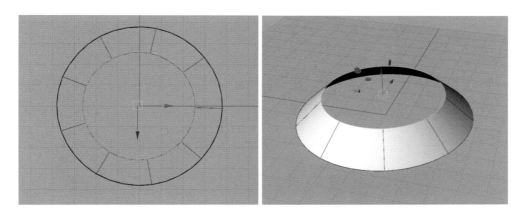

图 2-336　拉伸模型

STEP2：单击 光滑开关，选中模型，Enter 完成，如图 2-337。

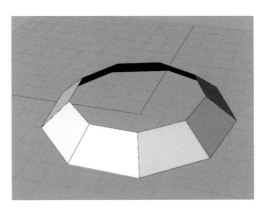

图 2-337　转换曲面

STEP3：单击 ![](挤出、拉伸曲线、边缘、面），选择上面一圈线，Enter 确定，向上拉伸模型，然后重复一遍这个命令，如图 2-338。

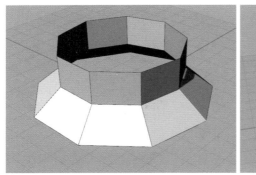
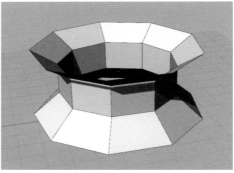

图 2-338　向上拉伸模型

STEP4：单击（挤出、拉伸曲线、边缘、面），在指令栏中点选面，选取几个面，Enter 确定。将这几个面拉伸，如图 2-339。

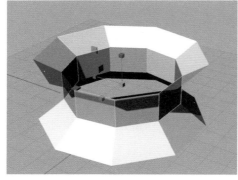
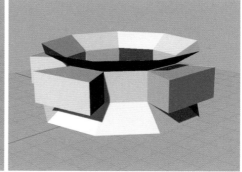

图 2-339　拉伸侧面

STEP5：单击 ![]光滑开关，选择物体，Enter 确定，如图 2-340。

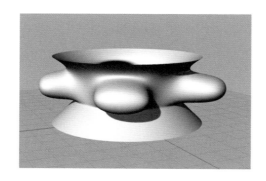

图 2-340　打开光滑开关

（2）拉伸平面讲解

STEP1：首先在 Rhino 中建立一个平面。在建立曲面工具中单击矩形平面工具，建立一个平面，如图 2-341。

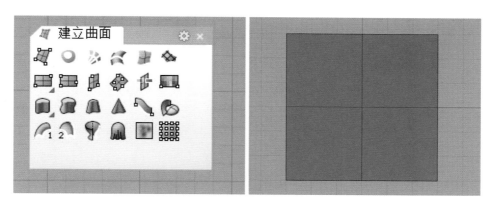

图 2-341　建立一个平面

STEP2：选中这个矩形平面，用 （左键转换一个未修剪 NURBS 曲面到 TS 曲面，右键转换一个未修剪 NURBS 曲面到 TS 曲面）单击，将 Rhino 格式转化为 TS 格式，按 Enter 完成（图 2-342）。

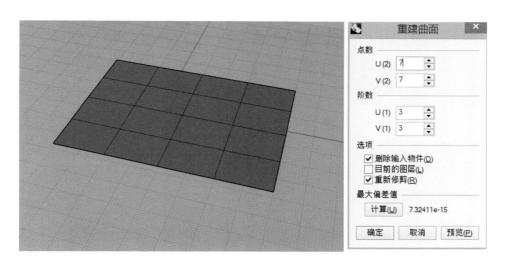

图 2-342　重建曲面

STEP3：打开 TS 编辑模式。单击打开 选取线命令，然后单击 （挤出、拉伸曲线、边缘、面）选择这几个面，Enter 确定，按住操作轴向上拉，如图 2-343。

STEP4：重复使用 （挤出、拉伸曲线、边缘、面）再做一次。也可以通过操作轴调整大小、高度、方向，如图 2-344。

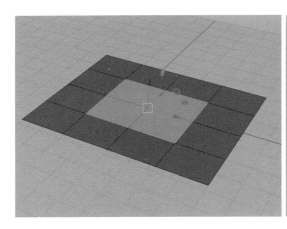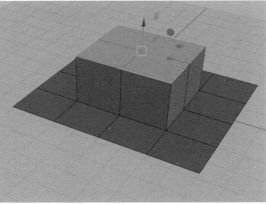

图 2-343 挤出面

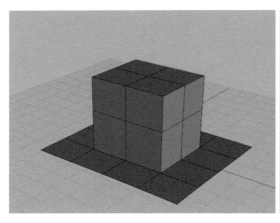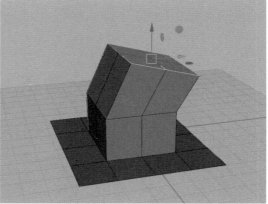

图 2-344 拉伸曲面

STEP5：单击 光滑开关，选中模型，Enter 完成，我们得出了汽车操作档杆曲面效果，如图 2-345。

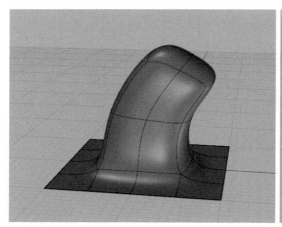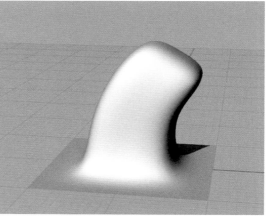

图 2-345 打开光滑开关

3. 案例解析

TS 汽车轮毂建模讲解

STEP1：在 Rhino 中以 0 点为圆心建立一个圆，再画一道辅助线，并将这根线环形阵列，阵列数为 5，然后锁定，如图 2-346。

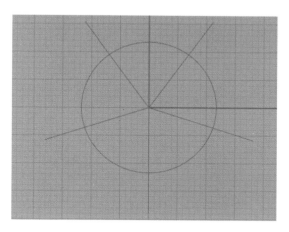

图 2-346　建立圆和辅助线

STEP2：插入背景图（汽车轮毂图），将背景图中轮毂中心放置圆心，画一个与轮毂大小相同的圆，并将轮毂的一对轮廓用多重直线描出（注意尽量让两边的控制点数量相同，以方便接下来的操作），并环形阵列五对。隐藏背景图，如图 2-347。

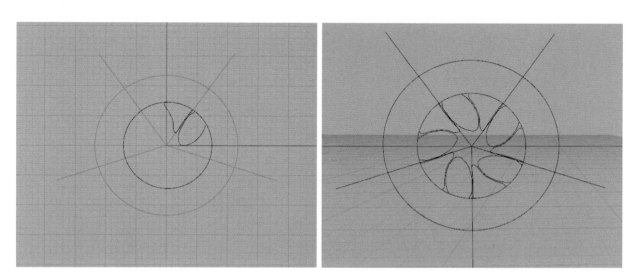

图 2-347　绘制轮廓线

STEP3：打开控制点，单击▦创建 TS 面控制点延伸曲面，捕捉点，四点成一面（注意不能出现三边的面，尽量建立四边的面，方便接下来的操作），重复附加面命令，将描画出来的其中一对轮廓线成面，如图 2-348。（若 TS 面是光滑模式，单击🔁光滑开关，选中面转为多边形模式，方便调整。）

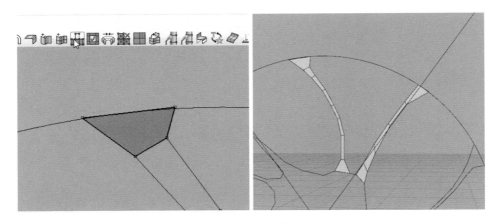

图 2-348 建立曲面

STEP4：将这两块面用附加面连接起来。单击 🏠 对称命令，选择物件，Enter 确定。单击 Add——径向——分段数，输入 5，Enter 确定。以圆心为旋转中心，选择以物件某端点为第一参考点，以线框某端点为第二参考点做径向对称，如图 2-349。

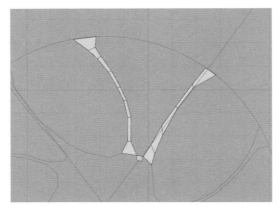

添加对称完整局部模型，或发现在一个完整的模型中现有对称（ Add(A) **发现(B)）：**
选择对称类型〈径向〉（ 轴向(A) 径向(B) **）：**
旋转中心（ 分段数(A)=4 **焊接(B)=**是 公差(C)=0.001 轴(D) ）：

旋转中心（ 分段数(A)=4 焊接(B)=是 公差(C)=0.001 轴(D) ）：分段数
分段数〈4〉: 5

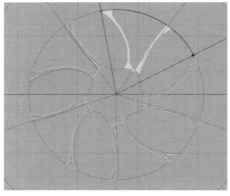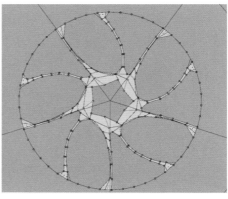

图 2-349 复制曲面

STEP5：再一次创建 TS 面（此时创建面已经有了对称效果，创建一个面，其余对称出来的物件一同有了新 TS 面，这里注意的是创建的面尽量为四点建面，如出现三角面，可根据控制点进行焊接调整，这是 TS 建模中对称工具的特点，使建模更加快捷），将 TS 面创建成如图 2-350 所示效果。

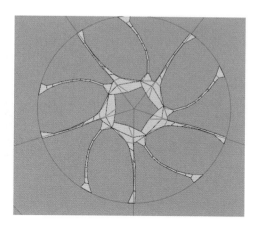

图 2-350　创建对称

STEP6：用重建曲线工具将外轮廓圆重建，点数 50，阶数 1，确定。打开控制点将 TS 面的边缘点移到圆的控制点上，如图 3-351。

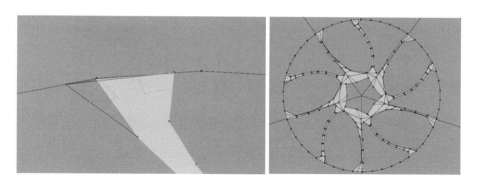

图 3-351　移动控制点

STEP7：将外轮廓圆线使用 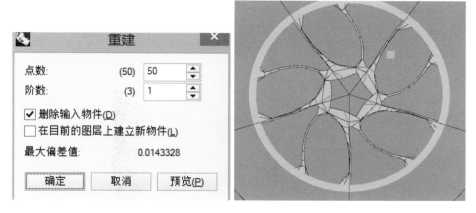（挤出、拉伸曲线、边缘、面）进行向外挤压出面，如图 3-352。

图 3-352　TS 面边缘点移到圆的控制点

STEP8：右键单击 🏠 对称工具，关闭对称功能。删掉其中四组，只保留一组。然后关闭 ⏻ TS 编辑模式。打开 Rhino 控制点，将所有断开的位置进行焊接。单击 🔧 焊接点工具（焊接点，将多个控制点合并为一个控制点），框选中要焊接的点，右键重复焊接命令，直到焊接为一个整体为止，如图 3-353。

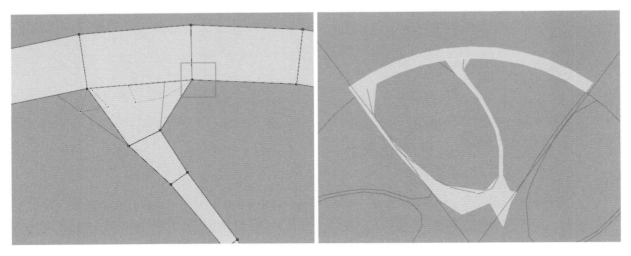

图 3-353　焊接

STEP9：再将这组物件进行对称，方法与之前相同，完成后如图 2-354。

STEP10：选中其中一圈边缘线，单击 🖼️（挤出、拉伸曲线、边缘、面），用缩放轴拉出面，并向后移动一点。在另一圈边缘线上再重复一遍刚才的命令，完成如图 2-355。

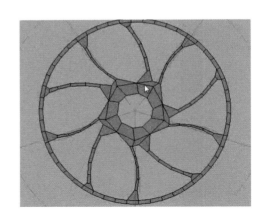

图 2-354　对称

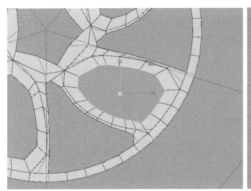
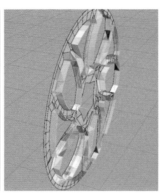
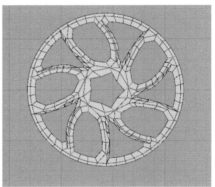

图 2-355　拉出面

STEP11：打开控制点，用 ![图标] 调整 xyz 坐标轴工具，统一控制点高度，如图 2-356。

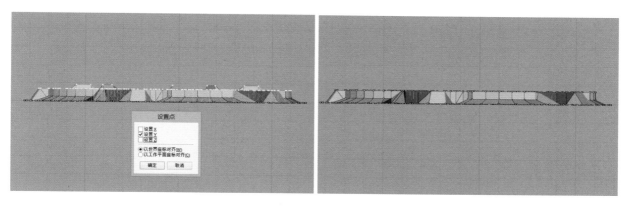

图 2-356　调整 xyz 坐标轴

STEP12：接下来将轮毂中心补齐。打开 ![图标] 选取线命令，选中中间一圈线，单击 ![图标]（挤出、拉伸曲线、边缘、面）进行缩放，如图 2-357。

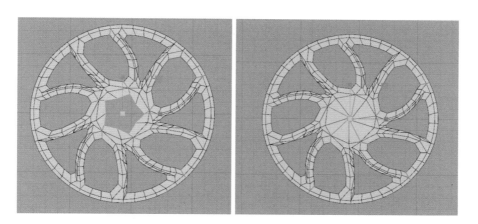

图 2-357　缩放

STEP13：打开控制点，选中这圈控制点，打开 ![图标] 调整 xyz 坐标轴工具，将这些点集中到圆心，如图 2-358。

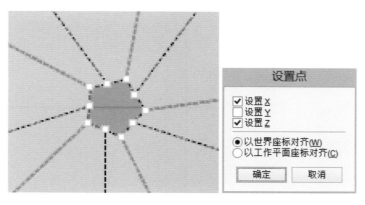

图 2-358　调整控制点

STEP14：单击打开 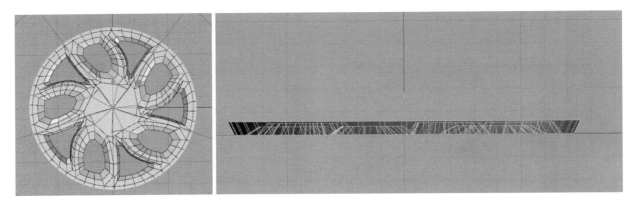选取线，选取轮毂最外边缘线，单击 ⬛（挤出、拉伸曲线、边缘、面），进行缩放拉伸调整，做出轮毂外缘弧度，如图 2-359。

图 2-359　缩放拉伸调整

STEP15：最后打开控制点，微调一下控制点，单击 ⬛光滑开关，选择物件，Enter 确定。轮毂模型就建完了，完成效果如图 2-360。

图 2-360　轮毂最终效果图

4. 设计实践

TS 水波纹水杯建模

案例建模思路：贯彻从主体到细节的建模顺序，忽略模型的水波纹细节造型，构建由水杯主体基本造型入手。基本造型完成后，再添加构建水波纹的造型，完善杯体。最后添加把手等小细节，完成建模。

STEP1：打开 Rhino，单击 Rhino 工具栏中的多边形命令 ⬤，边数改为 30，确认。以原点为中心，半径 50，建立一个多边形，如图 2-361。

已加入 1 条曲线至选取集合。

内接多边形中心点 （ 边数(N)=30 外切(C) 边(D) 星形(S) 垂直(V) 环绕曲线(A) ）：

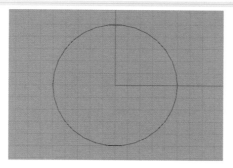

图 2-361 建立多边形

STEP2：单击 TS 中拉伸命令 ![icon]（挤出、拉伸曲线、边缘、面），选择多边形，确认。向下拉伸，如图 2-362，重复拉伸命令，拉伸五次，调整边线距离做到如图 2-363 效果。删除原来的多边形。

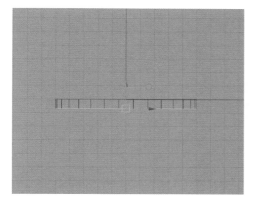

图 2-362 边拉伸

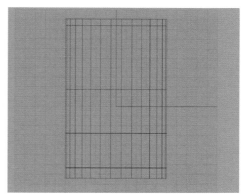

图 2-363 调整边线距离

STEP3：再次使用 TS 拉伸命令，向中心拉伸，如图 2-364。重复此步骤再拉伸一次，如图 2-365。

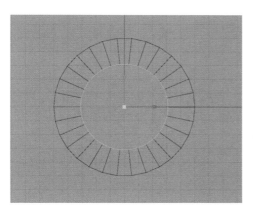

图 2-364 向中心拉伸

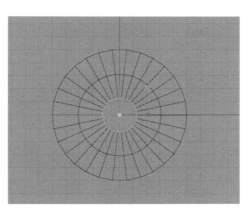

图 2-365 重复拉伸

　　STEP4：打开控制点，每隔一列点选中一列（双击单线即可全部选中），如图2-366。向中心缩放至如图2-367效果。

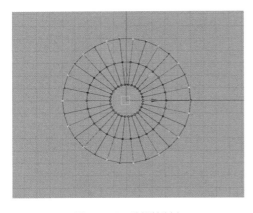
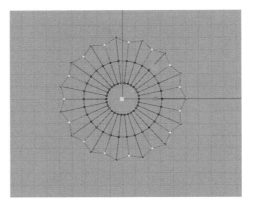

图2-366　选择控制点　　　　　　　　　　图2-367　缩放控制点

　　STEP5：单击Rhino中的旋转命令，选中第三圈结构线，以原点为旋转中心，旋转30°，如图2-368。

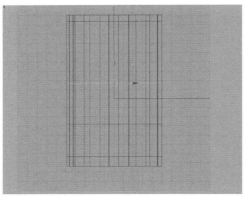
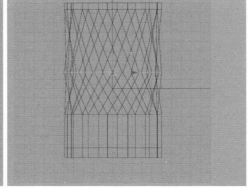

图2-368　旋转

　　STEP6：选中第四圈结构线，用旋转命令，以原点为旋转中心，旋转60°，如图2-369。

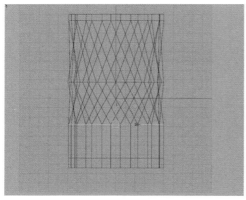
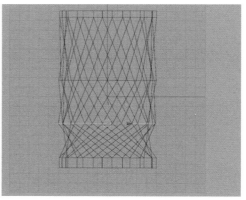

图2-369　旋转

选中第五第六两圈结构线，再次用旋转命令，以原点为旋转中心，旋转90°，如图2-370。

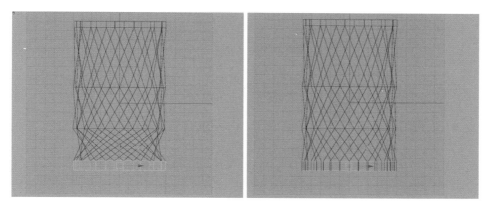

图2-370 旋转

STEP7：选中第四圈结构线进行向内缩放，如图2-371。再将第五、六两圈结构线呈阶梯状逐步递增向内缩放至如图2-372。

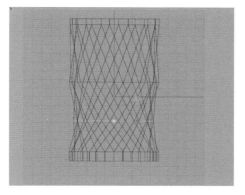
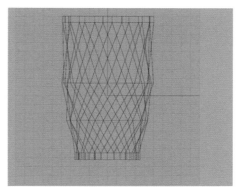

图2-371 向内缩放　　　　　　　　　图2-372 向内缩放

STEP8：打开TS光滑开关，选中模型，确认，此时已看出水波纹的基本效果。单击TS加厚工具，选中模型，确认，厚度为7，确认，如图2-373。

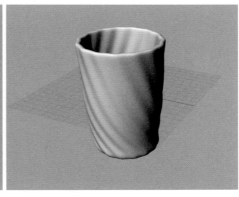

图2-373 加厚

STEP9：删除底部中心的面，如图 2-374。

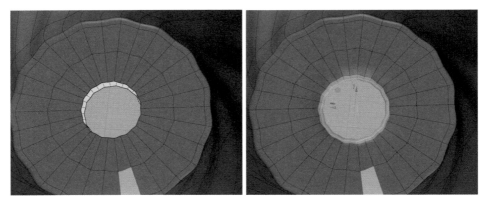

图 2-374　删除底部面

STEP10：打开控制点，选中底部的两圈的控制点，打开 Rhino 中的设置 XYZ 轴坐标命令，勾选 X、Y，确认，将点移到中心，如图 2-375。

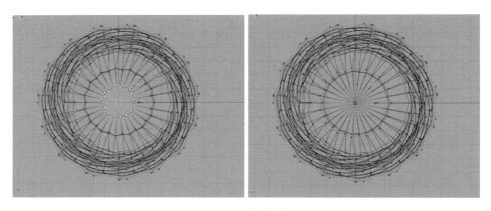

图 2-375　移动控制点

STEP11：关闭控制点，此时杯子的主体造型基本呈现出来了，接下来杯子把手。在 Rhino 中画一条曲线，用直线挤出命令，两侧挤出，长度 8。单击偏移曲面命令，选中曲面，设置距离 7，选择参数选项实体和松弛，Enter 确认。单击边缘圆角命令，将把手圆角，半径 3，确认，如图 2-376、图 2-377。

图 2-376　杯子把手制作 1

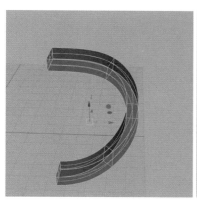 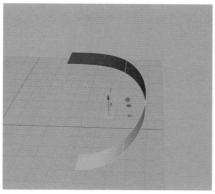 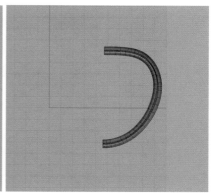

图 2-377　杯子把手制作 2

STEP12：完成，如图 2-378。

图 2-378　最终效果

　　小结：在此案例中，体现出 TS 建模思路与 Rhino 的巨大差别，其建模方式主要是运用基础控制点、线和面，通过挤出、拉伸、旋转等变形工具进行造型，要求对造型的把控能力较强，并且在建模时要有较清晰的造型目标。

2.2　LeveL2　三维建模中级实践训练

2.2.1　课题1　建模思路分类与技巧

1. 课题要求

课题名称：建模思路分类与技巧

课题内容：学习 Rhino 三维建模基本思路，掌握几种基本的建模思路，掌握基本的建模方法和日常使用技巧。

教学时间：4 学时

教学目的：掌握基本的几种建模思路，熟练各类建模方法，通过案例实践体验建模技巧，通过练习，能够自主地对建模进行分解，对建模过程和方法能够运用自如并举一反三。

作业要求：熟悉建模思路与基本技巧，完成 2 个模型案例的分析与练习，1 个设计案例的训练。

2. 知识点：两种不同建模思路分析与技巧

进行建模之前，需要进行建模构思分析，通过分析，明确建模顺序和方法。首先要对模型进行分解，分解到用工具库中的曲面生成工具可以顺利完成创建，并符合工具创建条件。其次，预期运用哪些编辑工具可以对曲面进行编辑组合，在连续性、准确性和造型细节编辑等方面能够符合要求。对于简单的几何造型，往往可以通过常规的曲面生成工具快速简单地完成主体模型的创建，再结合细节创建和编辑完成模型制作。对于异常复杂的曲面造型，则按以下几步进行建模：

1）对曲面造型进行分解，分解后每个部分都能使用工具库中的曲面工具进行创建。

2）主要曲面创建后，使用相应编辑工具进行曲面组合优化，以确保曲面间的连续性和精确性。

3）进行造型细节的表达与制作。

3. 案例解析

在三维建模中，根据造型的特点差异，有两种最常见的建模思路：简单几何造型建模思路与复杂曲面建模思路，因此下面我们结合案例了解一下这两种思路。

1）简单几何造型建模

此类造型一般以几何体为主，其主体造型可以通过曲面创建工具直接生成，之后对造型主体进行适当修剪和添加即可。如图 2-379 所示的案例，通过绘制圆角矩形直线挤出实体作为机器主体，绘制两侧曲线后直线挤出得到两侧主体部分，完成后对主体造型进行布尔运算差集即可得到主要造型形体特征（图 2-380）。同理，另一案例也是通过绘制基本几何体后做布尔运算即可完成主体创建，后面细节部分可以在此基础上完成，如图 2-381、图 2-382 所示。

图 2-379　产品照片

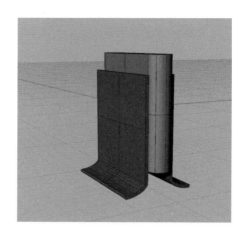

图 2-380　三维建模

图 2-381　产品照片

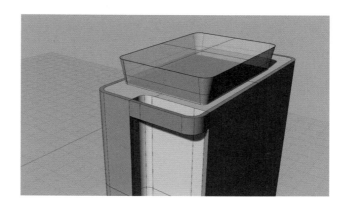

图 2-382　三维建模

2）复杂曲面造型建模

此类造型主体很难直接通过曲面创建生成，而需要通过多个曲面拼接组合而成，通过拆分曲面化整为零，逐一生成曲面后再进行组合，并满足相应的连续性要求。如图 2-383 案例所示，每个造型曲面都通过多次分面将复杂造型分解为简单曲面，每个简单曲面都可以使用曲面工具进行创建，并在保证连续性基础上进行组合。

案例分析：三连通分面建模

建模步骤：将三通管分为三个部分分别创建圆管，完成后使用【混接曲面】🔗两两相连，将多余曲面部分分割删除，剩余缺口部分使用补面工具【嵌面】◆完成曲面封闭。可见一个复杂曲面需要进行曲面拆分单独创建后组合成整体，其创建过程如图 2-384～图 2-391 所示。

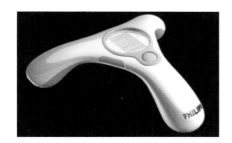

图 2-383　产品原型

图 2-384　绘制曲线

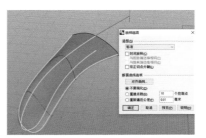

图 2-385　放样曲面

图 2-386　环形阵列

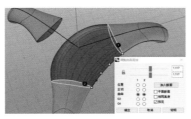

图 2-387　混接曲面

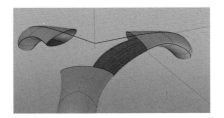

图 2-388　分割曲面

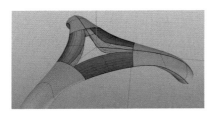

图 2-389 环形阵列

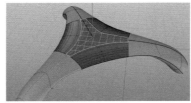

图 2-390 嵌面

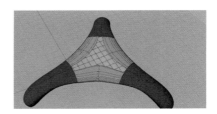

图 2-391 组合曲面

4. 设计实践

建模要点讲解：该案例主要特点在于将吹风机整体造型分解为风筒主体和把手两个部分，通过基础的曲面生成工具创建主体造型。两个部分完成后进行分割和衔接，使用编辑工具和辅助工具进行细节造型的创建（图 2-392）。

主要使用命令：【重建曲线】、【偏移曲线】、【双轨扫描】、【抽离结构线】、【从两个视图的曲线】、【放样】、【投影曲线】、【偏移曲面】、【布尔运算差集】、【混接曲面】、【多重曲线挤出厚片】、【薄壳】、【三轴缩放】、【以结构线分割】等工具。

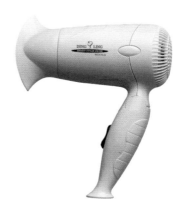

图 2-392 产品图片

操作步骤：

STEP1：使用【放置背景图】置入背景图，并绘制轮廓线（图 2-393），在轮廓线两端绘制圆形（图 2-394），使用【重建曲线】将圆形修改为可塑形的圆。使用【双轨扫描】创建风筒主体造型（图 2-395）。

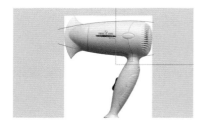

图 2-393 绘制轮廓线

图 2-394 创建截面圆形

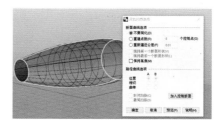

图 2-395 双轨扫描

STEP2：在前视图绘制一条曲线，并修剪风筒曲面，再绘制出风口造型轮廓曲线。绘制一个椭圆与出风口大小一致。使用【从两个视图的曲线】创建出风口造型（图 2-396 ~ 图 2-401）。

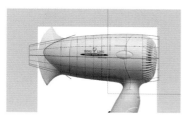

图 2-396　绘制修剪曲线

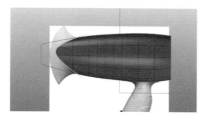

图 2-397　修剪曲面

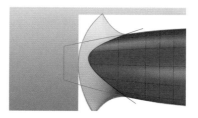

图 2-398　绘制出风口轮廓线

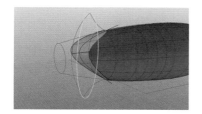

图 2-399　绘制椭圆

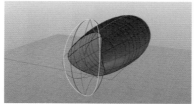

图 2-400　二维曲线生成空间曲线

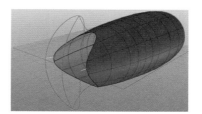

图 2-401　绘制截面线

STEP3：以前面创建的曲线为条件，使用【双轨扫描】🔧 创建出风口。在吹风机尾部使用【抽离结构线】🔧 提取三条间距相等的结构线，并将三条结构线部分曲面分割并删除，在最外侧的圆形结构线上创建一个中心点物件。以三条结构线为条件使用【放样】🔧 工具创建曲面，造型参数选择〈松弛〉。具体操作步骤如图 2-402～图 2-407 所示。

图 2-402　双轨扫描

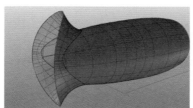

图 2-403　出风口造型

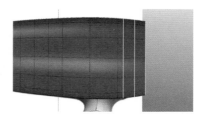

图 2-404　抽离结构线

图 2-405　修剪曲面

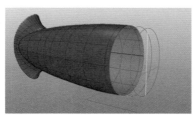

图 2-406　绘制圆形直径曲线

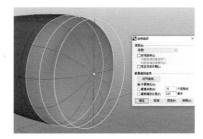

图 2-407　放样曲面

STEP4：在新生成的放样曲面上（图 2-408），使用【抽离结构线】🔧 提取两条纵向和一条横向结构线（图 2-409），并在纵向结构线上使用【与数条曲线相切】⭕ 绘制一个与之相切的圆形，使用【投影曲线】🖲 在前视图将其投影至曲面（图 2-410、图 2-411），删除原有的圆形。通过修剪与组合（图 2-412），得到如图 2-413 的紧贴于曲面表面的封闭曲线，利用封闭曲线对曲面作分割，得到修剪曲面（图 2-414），使用【偏移曲面】🔧 生成实体（图 2-415），显示隐藏曲面（图 2-416）。

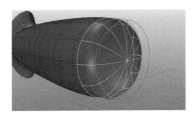

图 2-408　尾部造型

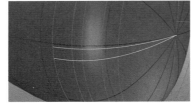

图 2-409　抽离结构线

图 2-410　绘制并投影圆形至曲面

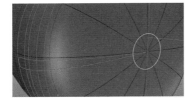

图 2-411　抽离结构线

图 2-412　修剪曲线

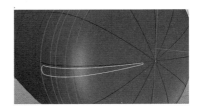

图 2-413　组合修剪后的曲线

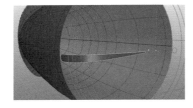

图 2-414　修剪曲面

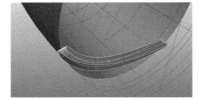

图 2-415　偏移曲面

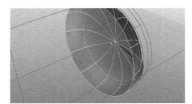

图 2-416　显示隐藏曲面

　　STEP5：对修剪曲面使用【偏移曲面】🥟工具生成实体（图 2-417），通过【环形陈列】❖ 将实体阵列35 份（图 2-418），并使用【布尔运算差集】🌑 运算得到吹风机进风口造型（图 2-419）。

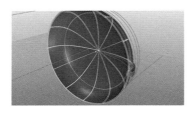

图 2-417　偏移曲面得到实体

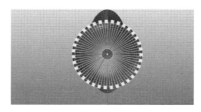

图 2-418　阵列实体

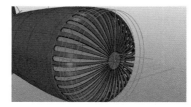

图 2-419　布尔运算差集

　　STEP6：在前视图创建吹风机把手左右两侧轮廓曲线，在透视图使用【直径画圆】⭕ 创建截面曲线，之后使用【双轨扫描】🦟 得到把手圆管造型（图 2-420 ～图 2-422）。

图 2-420　绘制把手轮廓线

图 2-421　创建截面圆形

图 2-422　双轨扫描

STEP7：制作把手造型如图 2-423 所示。在侧视图绘制两条曲线用于修剪（图 2-424），使用【修剪】
工具将如图 2-425 所示的两条曲线间的曲面修剪掉，得到如图 2-426 所示造型，通过【混接曲面】连接主体
和把手曲面（图 2-427），得到混接曲面（图 2-428）。

图 2-423　把手造型

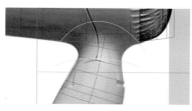

图 2-424　绘制修剪曲线

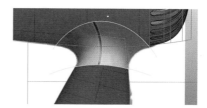

图 2-425　修剪曲面

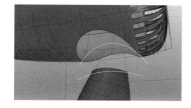

图 2-426　修剪后造型

图 2-427　混接曲面

图 2-428　混接曲面

STEP8：在前视图绘制修剪曲线，使用【偏移曲线】对曲线进行偏移（图 2-429）。再使用【偏移曲面】
将把手曲面向外偏移生成曲面（图 2-430）。使用修剪曲线分别对两个曲面进行分割，得到分割后的曲面（图
2-431～图 2-432）。然后通过【混接曲面】将两个曲面进行连接，在弹出的对话框中适当调整控制杆（图
2-433），回车得到混接曲面。然后对把手底部进行【不等距边缘圆角】操作（图 2-434、图 2-435）。

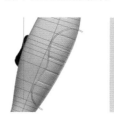

图 2-429　绘制修剪曲线

图 2-430　向外偏移管状曲面

图 2-431　分割曲面

图 2-432　分割曲面

图 2-433　混接曲面

图 2-434　底部平面加盖

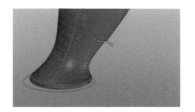

图 2-435　倒圆角

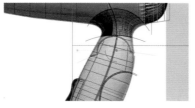

图 2-436　创建分割曲线

图 2-437　直线挤出实体

STEP9：在侧视图创建一条分割曲线，使用【多重曲线挤出厚片】🔗 挤出实体（图2-436、图2-437），利用挤出实体对吹风机把手进行【布尔运算差集】🔗 运算，并使用【薄壳】🔗 进行抽壳（图2-438、图2-439）。把手变成壳体后，在前视图绘制按键侧轮廓线，并挤出实体（图2-440、图2-441）。使用【三轴缩放】🔗 对实体进行放大并复制一份，对两个实体进行半径为0.5倒圆角（图2-442）。使用放大后复制的实体对把手壳体进行布尔运算差集，得到如图2-443所示效果。

图2-438　布尔运算差集

图2-439　抽壳

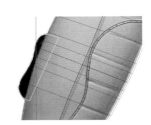

图2-440　绘制按键轮廓线

图2-441　直线挤出

图2-442　倒圆角

图2-443　布尔运算差集

STEP10：使用【偏移曲线】🔗 对出风口轮廓曲线进行偏移，偏移后适当延长曲线两端（图2-444），使用【直线挤出】🔗 挤出曲面（图2-445），之后使用【自动建立实体】🔗 进行实体封闭，得到吹风筒实体（图2-446），再使用【薄壳】🔗 进行抽壳，将吹风筒变成壳体（图2-447）。在侧视图绘制一个椭圆形，并挤出实体（图2-448），运用实体对吹风筒壳体进行布尔运算差集，得到孔的造型，以孔的四分点为端点创建两条曲线并调节其形状向外凸起（图2-449、图2-450），之后用【嵌面】创建曲面（图2-451）。在前视图创建一条用于分割吹风筒的曲线，通过【以多重曲线挤出厚片】🔗 将曲线挤出实体，通过【布尔运算差集】🔗 分割吹风筒，完成后运用【不等距斜角】🔗 对椭圆孔进行倒斜角处理，如图2-452～图2-455所示。

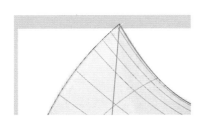

图2-444　延长轮廓线

图2-445　直线挤出曲面

图2-446　自动封闭实体

图2-447　薄壳工具抽壳

图2-448　挤出实体

图2-449　布尔运算差集

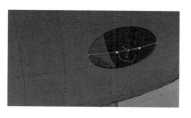

图 2-450　绘制内部曲线

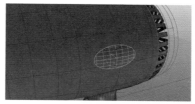

图 2-451　创建嵌面

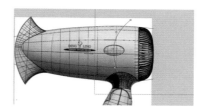

图 2-452　绘制修剪曲线

图 2-453　直线挤出厚片

图 2-454　布尔运算差集

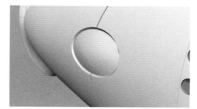

图 2-455　不等距边缘斜角

STEP11：打开备份文件，将吹风机进风口处的原始曲面显示出来，并向内偏移 0.1 个单位形成一个偏移曲面，运用【以结构线分割】 ✍ 将曲面分割成若干段，删除多余部分，如图 2-456 所示，使用【偏移曲面】 🦴 将剩下的曲面进行偏移得到实体，这些实体成为进风口的格栅。吹风机最终效果如图 2-457、图 2-458 所示。

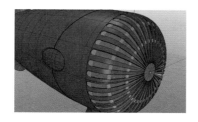

图 2-456　偏移曲面后

图 2-457　出风口效果

图 2-458　最终效果

小结：该案例中，其基本建模思路是将吹风机复杂曲面进行分解，分解成多个可以直接使用曲面工具创建的曲面类型。将吹风筒分成进风口、出风口和主体三部分，分别使用不同工具创建，而把手部分通过混接曲面的方式与主体进行衔接。另外在进行修剪、布尔运算等编辑前，尽量使曲面变成封闭实体。

延伸练习：吹风机三维建模练习，如图 2-459、图 2-460、图 2-461 所示。

图 2-459　透视图

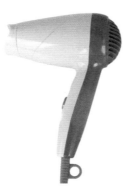

图 2-460　侧视图

图 2-461　细节图

2.2.2 课题2 复杂曲面与构面技巧

1．课题要求

课题名称：建模曲面类型与构面技巧

课题内容：学习曲面构面的一些基本技巧，掌握曲面构面的基本规律和方法。

教学时间：4学时

教学目的：通过一些案例的学习，了解创建曲面的基本规律，更加清晰地认识到如何结合曲面特性，通过合理的分布和构面来完成曲面的组合和创建。

作业要求：完成2个模型案例的分析与练习，1个设计案例的训练，熟悉曲面类型和建模分面技巧的用法。

2．知识点

1）渐消面的构建

2）多管混接面的构建

3）破面修补面的构建

3．案例解析

1）渐消面的制作（图2-462）

渐消面，是曲面沿主体曲面走势延伸至某处自然消失，也叫消失面、消逝面。渐消面在产品造型中十分常见，较能体现速度感和流畅感，是表现曲面，增强设计感的一种常用手段。

一般渐消面的制作思路：

第一步，将原曲面切割为两个面。

第二步，将渐消面变形（拉点）。

第三步，制作两曲面之间的过渡面（混接、双轨、网线）。

操作步骤：

第一步，在原型曲面上切割出渐消面。

STEP1：绘制渐消面的轮廓线。在原曲面上使用曲线工具画出渐消面的外轮廓与内轮廓。特别注意轮廓线不能有折角，否则后期混接两曲面的时候会产生褶皱面（图2-463）。

STEP2：修剪并删除中间的面。单击【分割】命令，用画好的轮廓线分割原型曲面，并删除原型曲面和分割面之间的曲面，这样在两个面之间产生了一个缝隙，缝隙的大小和形状决定了最终渐消面的形状（图2-464）。

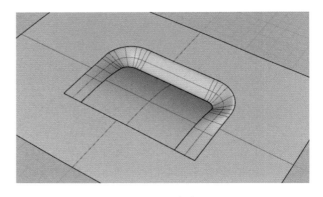

图2-462 渐消面

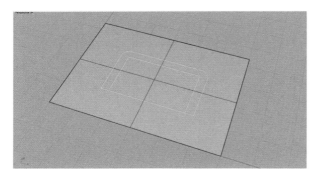

图2-463 注意切割用曲线需要倒圆角

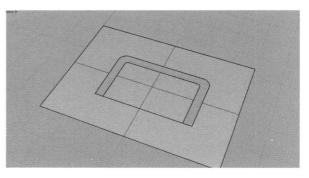

图2-464 分割原型曲面，删除中间曲面

第二步：将渐消面拉点变形。

STEP1：缩回控制点。由于切割后的曲面的控制点仍然保持着原曲面的属性，不利于后期拉点编辑，因此需要使用【缩回已修剪曲面】 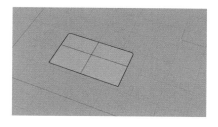 命令，将控制点缩回到曲面本体上来（图 2-465）。

STEP2：调整渐消面形状。

使用调整控制点的方式来调整。此处特别注意不能动前三排的控制点，否则会破坏渐消面和原型曲面的连续性。如果点不够多，不利于拉点编辑，则需要对渐消面进行重建，以改变控制点的数量。控制点的排数不能过多，一般推荐留下 4~5 排编辑点，否则对调整曲面会产生难度（图 2-466~图 2-469）。

图 2-465 缩回控制点

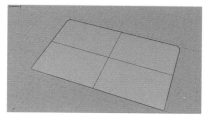
图 2-466 控制点过少

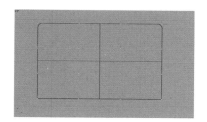
图 2-467 升阶为 3 阶后的控制点

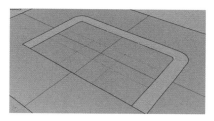
图 2-468 选中最后一排控制点进行拉动

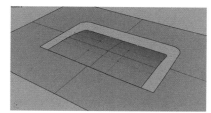
图 2-469 拉动后的形状

第三步，制作衔接曲面。

STEP1：直接混接两个曲面，得到衔接曲面。

使用混接命令连接两个曲面，根据产品连续性要求选择 G1 或 G2 连续性，得到所需要的衔接曲面。

STEP2：修正衔接面上的 ISO 线

如果此时混接曲面得到的衔接面结构线十分扭曲，可以"加入断面"来修正结构线的方向，使结构线整齐（图 2-470~图 2-473）。

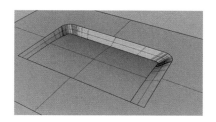
图 2-470 观察结构线，发现比较扭曲

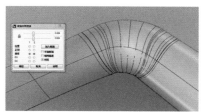
图 2-471 加入断面工具，优化结构线

图 2-472 优化后的结构线

延伸练习：

请制作圆柱体上的倾斜渐消面（图 2-474）。

图 2-473 最终效果

图 2-474 圆柱体上的倾斜渐消面

2）多管连接（三种典型的多管混接技术）

多管连接有三管连接、四管连接、六管连接……多管连接在实际的产品建模中应用的并不多，但是多管连接的建模思路对建模者的进阶有着重要的意义，帮助建模者更深入地理解 Rhino 的建模方法，为建模能力的提高提供良好的训练方法。由于篇幅所限，本节内容将以一个典型的四管连接的例子作为说明，可以用这种方法触类旁通，做出其他的多管连接。

典型四管连接的制作思路（图 2-475）（附课件）：

第一步，制作两个曲面之间的小连接过渡面（切割边缘并混接曲面）。

第二步，制作 1/8 过渡面，之后阵列或镜像形成完整的管道之间的连接面。

★要点：使用"替身面"来制作 1/8 过渡面。

第三步，检查连接面之间的连续性，并进行修正。

所用的命令：【依线段数目分段曲线】、【分割边缘】、【从网线建立曲面】、【曲线混接】、【曲面混接】。

操作步骤：

第一步，制作圆管之间的小连接过渡面。

STEP1：使用【依线段数目分段曲线】命令，将圆圈分段 16 段（图 2-476）。

STEP2：选择所示的点并使用【分割边缘】命令，将所选边缘分割（图 2-477）。

STEP3：使用这两个边缘进行曲面混接，生成两个圆管之间的混接面（图 2-478）。

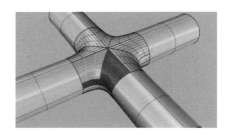

图 2-475 思路分析

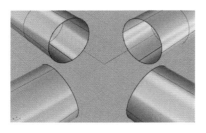

图 2-476 布在边缘上生成 16 段线

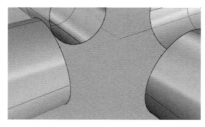

图 2-477 分割边缘

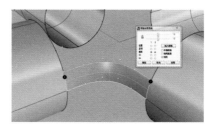

图 2-478 混接曲面

第二步，制作 1/8 过渡面，并进一步完成所有过渡面。

（1）制作"替身面"

替身面的作用是模拟曲面边缘处的方向性与连续性，保证 1/8 过渡面镜像后面与面之间能达到 G2 连续。

STEP1：经过中心点画一条垂直于四管的垂直线 1。

STEP2：抽离圆管顶部的结构线 2，然后在 Top 视图中旋转 45°，并将其一端移动到垂直线 1 上。

STEP3：将垂直线 1 和直线 2 的交点与左侧圆管顶部的四分点连接，得到直线 3（图 2-479）。

STEP4：将直线 2 与第一步制作的过渡面上边缘的中心点位置进行混接，生成一条弧线 4（图 2-480）。

STEP5：将直线 3 与弧线 4 分别挤出，生成"替身面 1"和"替身面 2"（图 2-481）。

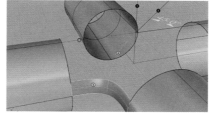

图 2-479　绘制直线 1 和直线 2 直线 3　　　　图 2-480　混接曲线，生成混接线 4

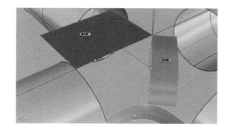
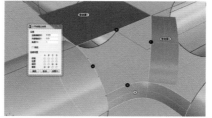

图 2-481　生成"替身面 1"和"替身面 2"　　　图 2-482　选择四条边缘建立曲面

（2）制作 1/8 过渡面

STEP1：使用"从网线建立曲面"命令，选择四条边缘生成 1/8 过渡面（请注意四条边缘处的连续性选项），如图 2-482 和图 2-483 所示。

STEP2：将 1/8 过渡面和第一步所混接的曲面进行镜像和阵列后，得到完整的过渡面（图 2-484、图 2-485）。

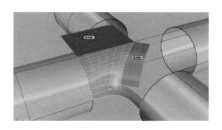
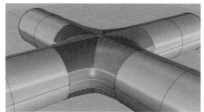
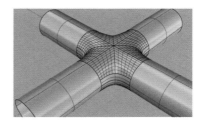

图 2-483　生成 1/8 过渡面　　　　　图 2-484　镜像后　　　　　　图 2-485　完成

第三步，检查连续性，并进一步修正（如果过渡面连续性好，则可省略这一步）。

（1）绘制 45° 和 135° 直线各两条并挤出生成切割平面（图 2-486），先用其中一组来切割刚才生成的过渡面（图 2-487）。

（2）混接曲面（图 2-488）。

（3）用另外一组切割平面（图 2-489），再次切割刚才生成的过渡面（图 2-490）。

（4）混接曲面，四管连接完成（图 2-491），最终效果如图 2-492 所示。

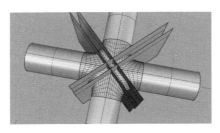

图 2-486　制作切割平面

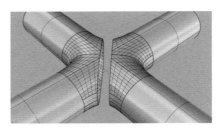

图 2-487　切割后

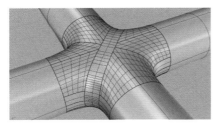

图 2-488　混接后

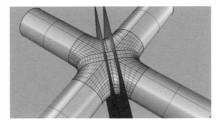

图 2-489　用另外一组面进行切割

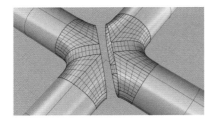

图 2-490　切割后如图

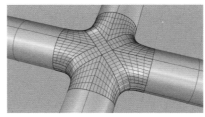

图 2-491　混接后

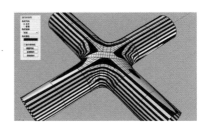

图 2-492　最终效果

延伸练习：

请制作如图 2-493 所示的多管连接。

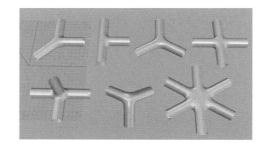

图 2-493　圆管连接练习

3）不等边倒圆角破面修补

如图 2-494 所示，我们在对类似造型倒圆角时，经常会产生右图所示的失败或破面现象，本练习将使用两种方法对这个造型进行倒圆角，倒圆角成功的关键是对三个面在交界处的破面进行修补，达到顺滑的连续性。

操作步骤：

（1）第一种方法

STEP1：使用"圆管切割法"，切割出曲面之间的空隙（图 2-495）。

STEP2：在顶视图中过点画一条 45°～50° 左右的直线，并将这条直线投影在圆柱体和长方体的面上（图 2-496）。

STEP3：将这条直线分割为两段，然后使用刚才制作的投影线分别与分割后的两段直线【混接曲线】，得到两条圆弧线，注意不是【可调式混接曲线】（图 2-497）。

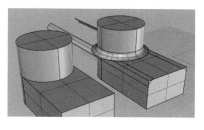

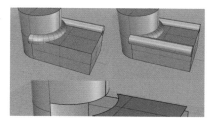

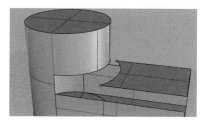

图 2-494　正常倒圆角破面　　　　　图 2-495　圆管切割　　　　　图 2-496　绘制斜线并投影到圆柱体和长方体上

STEP4：在另一端使用【混接曲线】 命令，得到另外两条圆弧线（图 2-498）。

STEP5：单击【双轨扫描】 命令，连续性选择"相切"得到两个圆角面（图 2-499）。

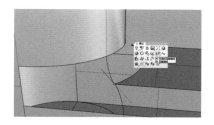

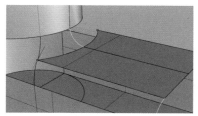

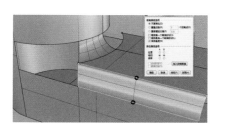

图 2-497　混接曲线得到混接线　　　图 2-498　混接得到另外两条曲线　　　图 2-499　双轨扫描得到圆角面

STEP6：将上面 STEP3 制作的这两条圆弧线组合为一条曲线作为双轨的截面线。然后单击【双轨扫描】 命令，连续性选择"相切"得到一个大曲面，图 2-500。注意，这个大曲面制作出来可能是一个单一的面，也可能是两个面的组合。不管怎样，都不影响我们后续的制作。

STEP7：目前，这个大曲面和两个圆角面之间没有连续性，因此还需要对这些面进行连续性的修正。

STEP8：选择大曲面，单击【以结构线分割曲面】 命令，注意设置"缩回＝是"，将大曲面分割为两半图 2-501 左图。

注意：这种做法应用于单一曲面的情况，如果是两个曲面组合的话，直接炸开即可。

STEP9：单击【衔接曲面】 ，将分割后的两个曲面分别和两个圆角面衔接，在弹出的衔接曲面工具栏中，连续性勾选"正切"，维持另一端勾选"正切"，勾选"以最近点衔接曲面"，结构线方向调整勾选"维持结构线方向"（图 2-501 右图）。

STEP10：单击【合并曲面】 命令，将两个曲面合并为一个曲面，必须注意命令栏设置"平滑＝否"（图 2-502）。

STEP11：将所有面组合，并使用斑马纹检查连续性（图 2-503）。

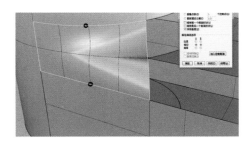

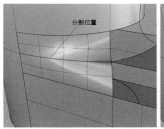

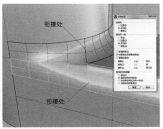

图 2-500　双轨扫描得到大曲面　　　　图 2-501　以 iso 线分割曲面，并分别与两个圆角面衔接

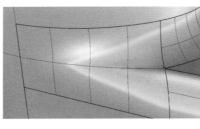

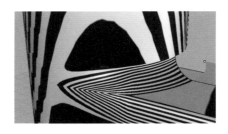

图 2-502　将两个曲面合并　　　　　　　　图 2-503　斑马纹

（2）第二种方法

STEP1：选择最左侧的两条边缘线，单击【混接曲线】，选择连续性选择"相切"，得到一条混接曲线，然后单击【直线挤出】🔘 得到一条圆角面（图 2-504）。

STEP2：单击【抽离结构线】✎，在圆柱体上得到一条结构线（图 2-505）。

STEP3：单击【混接曲线】🔎，将边缘和上一步得到的结构线混接，得到一条曲线（图 2-506）。

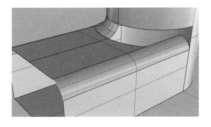

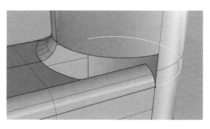

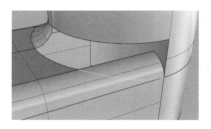

图 2-504　混接曲面并挤出　　　　　　图 2-505　抽离结构线　　　　　　图 2-506　混接曲线

STEP4：单击【拉回曲线】🔮，将这条结构线拉回到 STEP1 所做的圆角面上，并用拉回后的曲线修剪圆角面（图 2-507、图 2-508）。

STEP5：单击【双轨扫描】🔿，选择相应的边缘作为路径和截面，注意 AB 边选择"相切"，得到最后的曲面（图 2-509）。

STEP6：将所有面组合，用斑马纹检查连续性（图 2-510）。

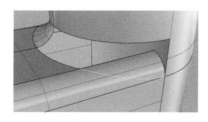

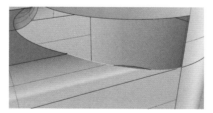

图 2-507　拉回曲线到曲面　　　　　图 2-508　拉回后的曲线修剪曲面　　　　　图 2-509　双轨扫描

延伸练习：

请用两种方法对图 2-511 所示的三边不等距倒圆角破面的情形进行修补。

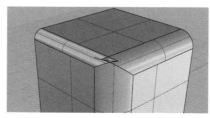

图 2-510　斑马纹　　　　　　　图 2-511　用两种方法对破面倒圆角

2.2.3 建模分面类型与技巧

1. 课题要求

课题名称：建模曲面类型与构面技巧

课题内容：学习曲面构面的一些基本技巧，掌握曲面构面的基本规律和方法。

教学时间：4 学时

教学目的：通过一些案例的学习，更加清晰曲面构面的规律，并认识到如何结合曲面特性，通过合理的分布和构面来完成曲面的拆分和创建。

作业要求：完成 1 个案例分析和 1 个设计实践训练，熟悉曲面类型和建模分面技巧的用法。

2. 知识点

在基于 NURBS 为内核的软件中，由于 NURBS 曲面的四边特性和工具的限制，复杂曲面的表现向来是难点和重点，一般情况下无法通过一两个简单的曲面将曲面造型完整表现出来，这时通过合理地拆分曲面（以下简称分面）来实现复杂曲面的造型设计是关键，从面的构成角度来看，复杂曲面是由多个四边曲面组成，并且达到相应的连续性要求。在此影响曲面品质的因素包括：曲面分面的合理性、单个曲面结构的复杂性和面与面之间的连续性。

曲面建模前先分析产品形体大致走向，分析曲面的复杂程度，尝试找到曲面拆分的边界在哪里，明确曲面创建最适合的工具，如何保证曲面的良好衔接关系，连续性要达到什么要求，通过这些方面的推演，大致明确建模的先后顺序和大致思路。分析完成后尝试根据拆分边界进行曲线的构建，曲线构建完成后，调整线与线、线与面之间的连续性，这是曲面连续性得到保证的关键步骤。曲线构建基本到位之后开始按一定的顺序生成曲面，并注意曲面与曲面之间的连续性设置。

分面原则：

1）尽量按标准的 NURBS 曲面四边特征进行分面，这样创建的曲面更加光顺，便于与其他曲面进行拼接。

2）分面时要思考曲面创建所使用的最适合的工具，选择曲面工具的准则是，该工具可以很好地满足曲面造型精确度和连续性设置的要求。

3）分面时大致按先大后小、先主后次的原则，适当忽略一些细节，优先把握主体特征，简化曲面造型，这样有利于创建高质量曲面。

4）曲面拆分不宜过于细碎，这样曲面的连续性容易出现问题，使整体造型光顺度差。

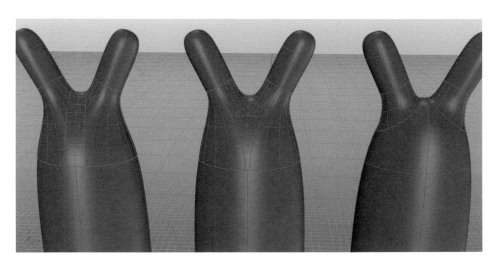

图 2-512 曲面的不同拆分方法

3. 案例分析：一些常见的曲面分面方法

曲面拆分是一件比较复杂、见仁见智的事情，同一种曲面不同的设计师会用不同方法拆分，如图2-512所示，同一种曲面造型其拆分方式差异较大。另外就曲面本身而言，由于现实生活中曲面空间造型的复杂性和多变性，导致曲面拆分需要因地制宜。因此对于分面并没有一成不变的方法，只能随着设计师经验的积累和对建模理解的深入，总结出自己的一些心得和方法。下面我们简要介绍几种设计师常用的曲面拆分案例来探讨一下曲面分面的一些规律和方法。

1）曲面上的凸起造型

通过四边曲面修剪后与扫描曲面混合构成（图2-513）。

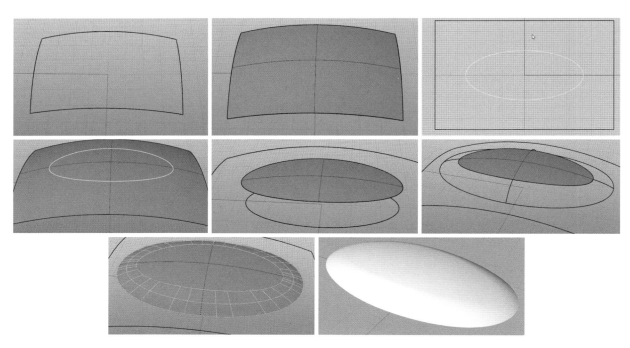

图2-513　曲面上的凸起造型

2）曲面上的不规则凸起造型

通过旋转曲面修剪后与扫描曲面混合构成（图2-514、图2-515）。

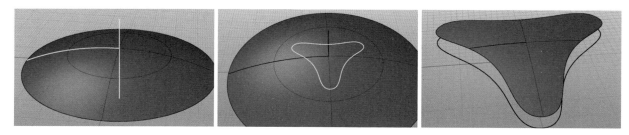

图2-514　曲面上的不规则凸起造型1

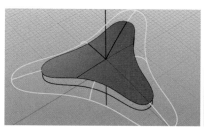 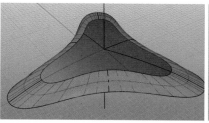 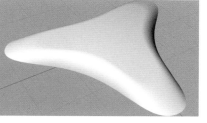

图 2-515　曲面上的不规则凸起造型 2

3）五边曲面分面

先按标准四边曲面进行创建，完成后修剪曲面，形成另一个更小的四边曲面空间，再利用条件曲线创建四边曲面，并设置好曲面间的连续性（图 2-516）。

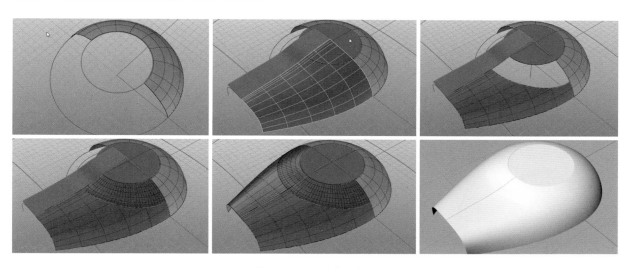

图 2-516　五边曲面分面

4）三边曲面优化

三边曲面由于其具有收敛点，曲面不光顺，质量差，因此需要将收敛点修剪删除，之后补上四边曲面从而确保曲面质量，如图 2-517 所示。

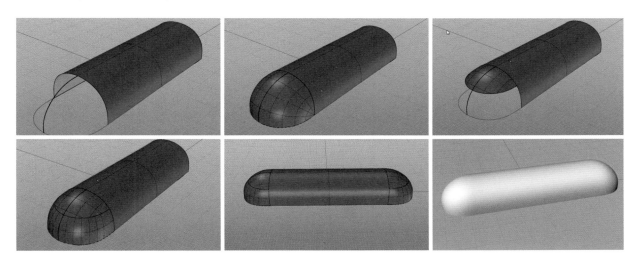

图 2-517　三边曲面优化

5）渐消面制作

渐消面的做法有很多，这里是借助现有具有连续性的辅助面，生成由尖锐到光顺连续的渐消面（图2-518）。

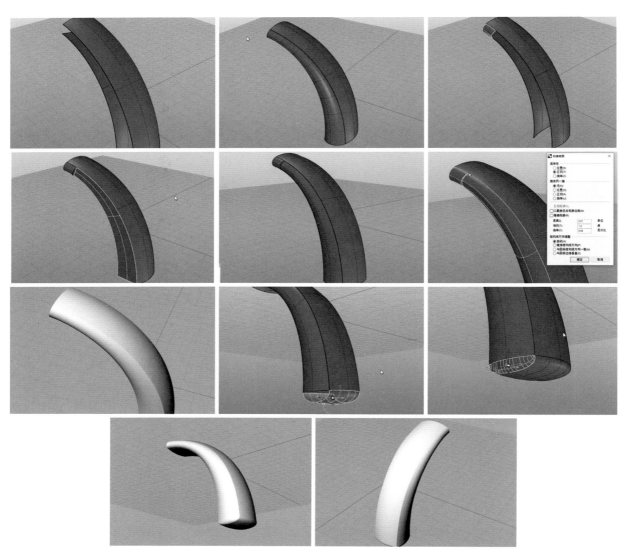

图2-518　渐消面制作

4. 设计实践训练

建模思路分析：首先对曲面进行曲面拆分，明确各分面的创建思路，将主体分为前、后、左、右四个曲面，利用【衔接曲面】 ↬ 形成两侧曲面的渐消面，并使用辅助曲面，生成顶部凸起造型。主体造型封闭后进行抽壳，在此基础上创建指示灯和按键等细节造型。

操作步骤：

STEP1：首先根据分面原则，将曲面分为上、下、左、右四个主体曲面，其余局部造型在此基础上进行创建，分面情况如图2-519所示。首先将背景图置入前、侧和俯视图中，调整好比例大小后绘制轮廓曲线，如图2-520所示。以轮廓曲线为条件曲线，使用【二、三或四条边缘曲线建立曲面】 ▱ 创建曲面，完成后打开曲面控制点，使用【UVN移动】 ⟲ 调整控制点使曲面向外凸起（图2-521）。

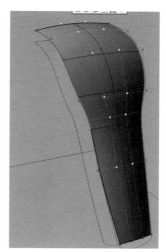

| 图 2-519　曲面分面 | 图 2-520　创建轮廓曲线 | 图 2-521　创建并调整曲面 |

STEP2：使用同样的方法创建后面的曲面（图 2-522），打开并移动控制点适当调整曲面造型。使用【放样】 创建两侧曲面，完成后【重建曲面】 变成 3 阶曲面，使用【以结构线分割】 将侧曲面分割为两段（图 2-523）。使用【衔接曲面】 将上部较小的分割曲面与主曲面衔接，连续性为曲率连续，形成光顺连接。

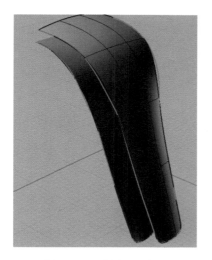

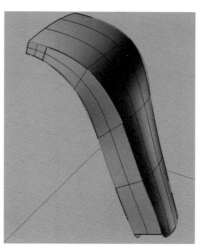

| 图 2-522　创建另一曲面 | 图 2-523　创建侧边曲面 | 图 2-524　衔接曲面 |

STEP3：分割后的另一部分曲面需要打开控制点，将中间两排控制点向外适当移动，使曲面略向外凸起，完成后使用【衔接曲面】 将侧下边分割曲面与前侧边分割曲面进行衔接，设置为曲率连续，形成渐消面，效果如图 2-524 所示（注：为了使衔接曲面更为精确，两个曲面需保持结构一致，结构线位置重合）。使用【二、三或四条边缘曲线建立曲面】 创建底部曲面，将底部进行封闭（图 2-525）。在顶视图绘制曲线，并投影至上部曲面（图 2-526），利用投影曲线分割曲面，删除多余曲面（图 2-527）。

STEP4：创建轨迹曲线，使曲线沿着原主曲面且稍高于主曲面，以分割后曲面边缘为截面线，使用【单轨扫描】 创建曲面（图 2-528）。使用【平面缩放】 将顶视图分割用的曲面做适当缩小，并投影到单轨扫描曲面上，进行修剪，得到如图 2-529 所示修剪曲面。最后使用【混接曲面】 创建两个曲面间的混接曲面（图 2-530）。

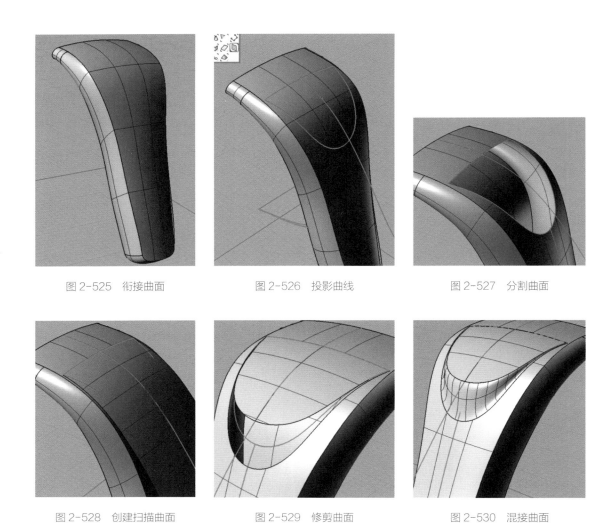

图 2-525　衔接曲面　　　　　　　图 2-526　投影曲线　　　　　　　图 2-527　分割曲面

图 2-528　创建扫描曲面　　　　　图 2-529　修剪曲面　　　　　　　图 2-530　混接曲面

STEP5：底部创建圆柱体作为电源接头基础造型，完成后创建一条曲线作为电源线的路径曲线，使用【圆管】🐚创建两侧大小不一的圆管，并使用【布尔运算差集】🍡形成电源线造型（图 2-531、图 2-532）。

图 2-531　创建圆柱　　　　　　　　　图 2-532　创建电源线造型

STEP6：使用【将平面洞加盖】🎛形成实体（图 2-533、图 2-534），在顶视图创建曲线（图 2-535），挤出曲面（图 2-536），并使用【布尔运算分割】🍡将实体造型进行分割，最后使用【封闭的多重曲面薄壳】🔩进行抽壳（图 2-537），得到如图 2-538 所示造型。

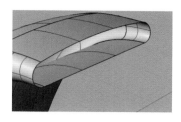

图 2-533　未加盖曲面

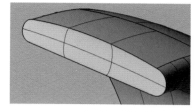

图 2-534　将平面洞加盖

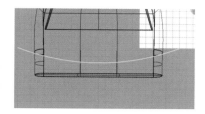

图 2-535　创建曲线

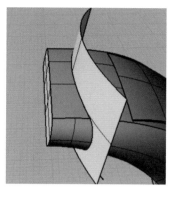

图 2-536　直线挤出曲面

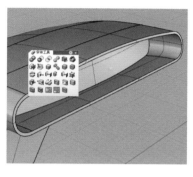

图 2-537　布尔运算分割后抽壳

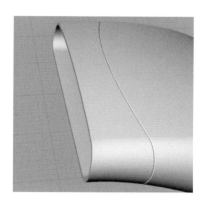

图 2-538　最终效果

STEP7：在前视图中创建如图 2-539 所示曲线，将曲线直线挤出实体（图 2-540），利用实体造型使用【布尔运算分割】 对主体进行分割，得到如图 2-541 所示指示灯造型，分割后效图如图 2-542 所示。

STEP8：在顶视图中创建如图 2-543 所示椭圆曲线，将曲线投影至曲面，利用投影曲线修剪曲面表面并删除曲面，以修剪后曲面椭圆形缺口四分点为端点，分别绘制两条相互交叉的直线，使用【重建曲线】工具将曲线重建为 3 阶 4 个控制点的曲线，并打开控制点调整曲线使其有一定弧度，得到如图 2-544 所示曲线。以此为基础，使用【嵌面】工具创建按键造型（图 2-545），效果如图 2-546 所示。

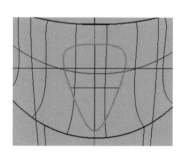

图 2-539　创建扫描曲面

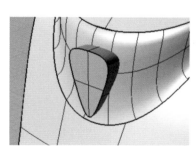

图 2-540　挤出实体

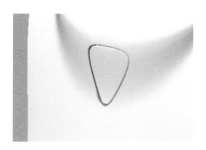

图 2-541　布尔运算分割

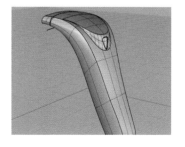

图 2-542　分割后造型效果

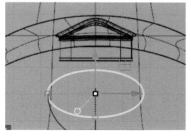

图 2-543　创建椭圆曲线

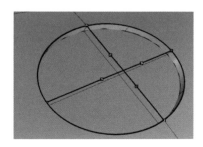

图 2-544　创建并调整曲线

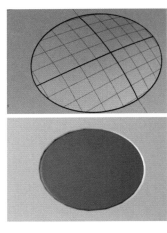

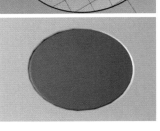

图 2-545 按键造型

图 2-546 最终效果

小结：此案例中首先需要进行合理的分面，明确整体建模思路。两侧曲面的渐消面效果可以通过将侧曲面分两部分衔接，其中一段采用曲率连续进行衔接，另一曲面保持位置连续，但为了使两段侧曲面形成连续性，因此自然形成了渐消面，要准确地表现出来。主体曲面需要通过重建曲面后的控制点进行调整优化，使曲面造型更加饱满，更符合造型要求。曲面之间的连接需要进行精确衔接，为了达到精确衔接的目的，曲面之间的结构需要尽可能一致，比如结构线数量、位置的一致。顶部凸起部分的渐消效果是通过创建辅助曲面的方式形成渐变，将曲面分割后混接起来，形成曲面渐消落差效果。

延伸练习：通过合理的分面，创建如图 2-547 所示的热水壶造型。

图 2-547 热水壶

2.3　LeveL3　三维建模综合实践训练

2.3.1　课题1　T-Splines 复杂曲面建模训练

1. 课程要求

课题名称：T-Splines 复杂曲面建模

课题内容：主要练习 T-Splines 复杂曲面建模的思路和方法，通过设计案例进行练习。

教学时间：3 学时

教学目的：通过案例分析与练习，掌握 T-Splines 建模的基本步骤、建模思路与技巧。

作业要求：完成 1 个模型案例的分析与练习，熟悉工具的主要用法和参数。

2. 知识点

每个模型在构建前，要分析从何入手，通常会从模型曲面造型最简单、最容易构建的部分入手。在此案例中，强调从较简单的几何化造型开始，在几何化造型基础上构建曲面主体造型，然后通过对整体造型的调整，逐渐塑造出造型的主体特征，最后对造型细节进行塑造直至完成。在此过程中，可以根据造型特点，分别选择边缘线、控制点、曲面等不同造型要素进行挤出、拉伸、缩放和旋转等操作，从而达到造型的目的。有时可以根据造型需要结合 Rhino 工具进行建模，发挥两种建模工具的优势。

3. 设计实践：袋鼠笔筒建模

建模思路分析：此案例应用到的 TS 命令不多，都是最基本的命令，主要锻炼建模者对造型的理解与塑造。首先，分析模型，化繁为简，构建圆柱形笔筒筒身。通过挤出等命令，添加细节，逐步塑造袋鼠造型，完成建模。

操作步骤：

STEP1：建立一个圆，使用重建曲线命令，点数为 8，确定，如图 2-548。

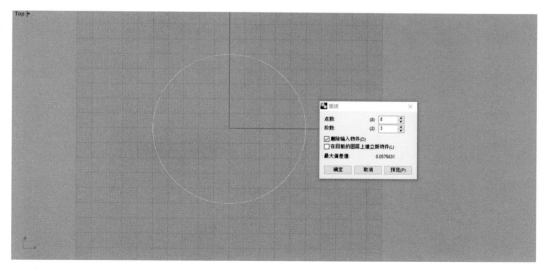

图 2-548　重建曲线

STEP2：选择这个圆，使用 TS 中的挤出线命令，重复挤出三次，建立一个圆柱面，如图 2-549。

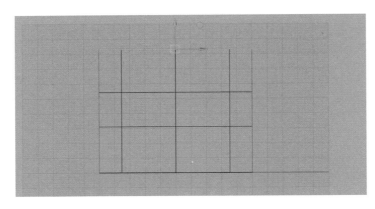

图 2-549　挤出线

STEP3：调整圆柱形状，造型参考如图 2-550。

STEP4：选择最底下一圈线，使用 TS 中的填充洞命令，将圆柱底补好，如图 2-551。

图 2-550　调整造型

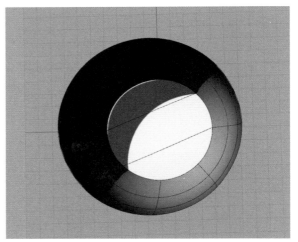

图 2-551　填充洞

STEP5：全选整个物体，使用 TS 中的加厚命令，厚度为 10，确定，如图 2-552。

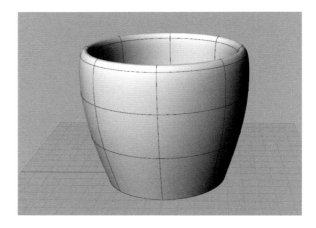

图 2-552　加厚

STEP6：选择图 2-553 中这两个面，使用 TS 中的挤出面命令，重复挤出三次，做袋鼠脖子，挤出后，打开控制点调整造型，如图 2-554。

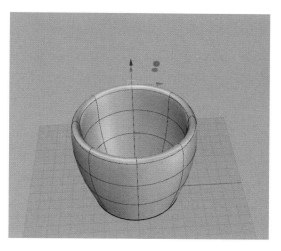

图 2-553　挤出脖子

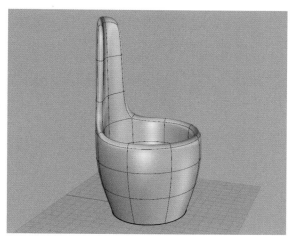

图 2-554　调整脖子造型

STEP7：再次使用挤出面命令，重复挤出两次，并调整造型，做出袋鼠头部的大体形状，如图 2-555。

STEP8：选择头部上面的两个面，再次使用挤出面命令，挤出袋鼠的脑袋，调整造型，如图 2-556。

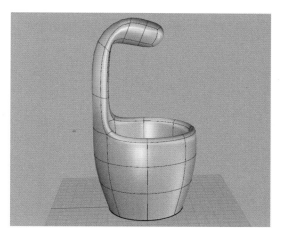

图 2-555　挤出头部并调整造型

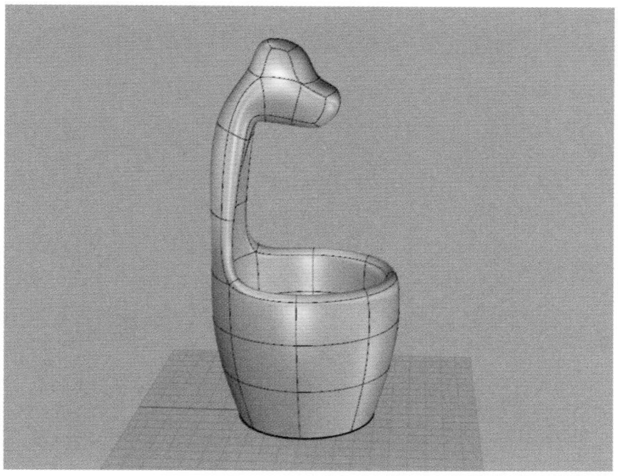

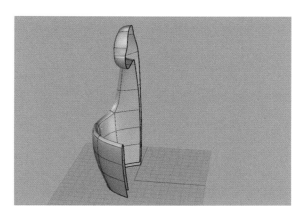

图 2-556　挤出脑袋

STEP9：删除一侧的面和底面，如图 2-557。

图 2-557　删除一侧的面和底面

STEP10：使用 TS 中的对称命令，选择剩余的一半作为对称物件，单击添加，单击轴向，确定对称轴起点和终点，完成对称，如图 2-558。

STEP11：因为上一步的对称命令，做一侧造型，另一侧会自动镜像造型，使用 TS 中的挤出面命令，挤出一侧耳朵，打开控制点调整造型，如图 2-559、图 2-560。

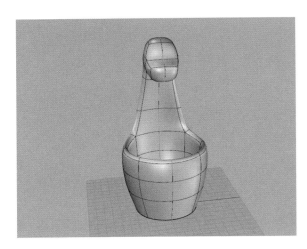

图 2-558　对称物件

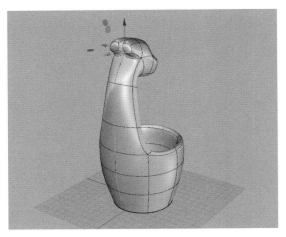

图 2-559　挤出耳朵

STEP12：选择下面两个面，使用挤出面命令，挤出袋鼠的尾巴，挤出后打开控制点调整造型，如图 2-561。

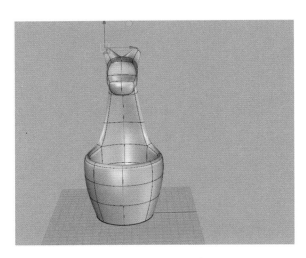

图 2-560　调整耳朵造型

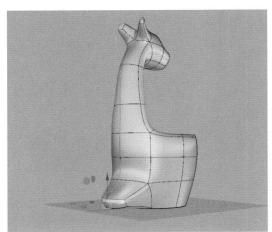

图 2-561　挤出尾巴

STEP13：使用挤出面命令，挤出袋鼠手臂大体造型，调整造型，如图 2-562。

STEP14：在挤出面的下侧的一个面添加一条边，使用 TS 中的插入边命令完成，如图 2-563。

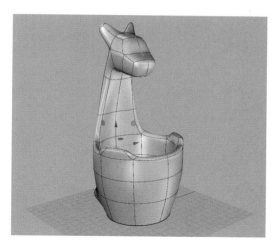

图 2-562　挤出手臂

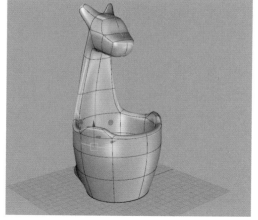

图 2-563　插入边

STEP15：使用挤出面命令，重复挤出两次，挤出袋鼠的脚，打开控制点调整造型，如图 2-564、图 2-565。

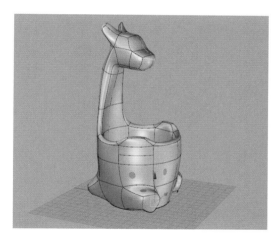

图 2-564　挤出脚

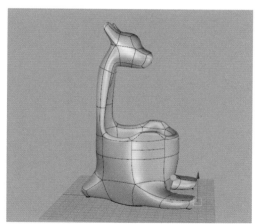

图 2-565　调整造型

STEP16：参考图中的边，使用 TS 中的插入边命令，插入一条边，然后参考图中拉出的面，向外拉，做出手臂体积，如图 2-566。

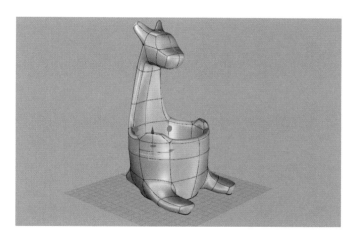

图 2-566　插入边

STEP17：根据所建造型的需要，自行添加边，调整出更完美的造型，参考如图2-567。

STEP18：选择底部一圈边，挤出两次，打开控制点，选择图中控制点（图2-568），使用设置x、y、z坐标命令，勾选x、y、z，确定，将点集中到中心位置。外层底也是用相同方法进行（图2-569）。

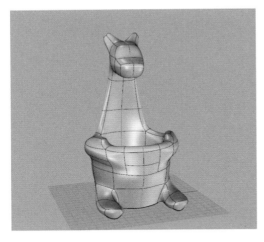

图2-567 根据造型继续调整

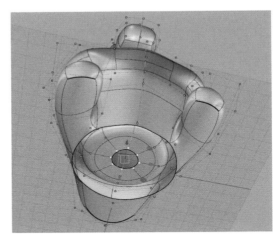

图2-568 挤出底面

STEP19：右键关掉对称命令，调整袋鼠头部向一侧歪，完成袋鼠笔筒的建模，如图2-570、图2-571。

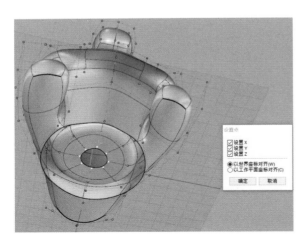

图2-569 设置x、y、z坐标封口

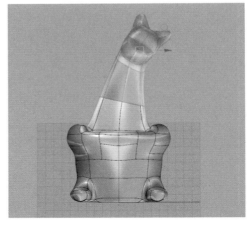

图2-570 调整造型

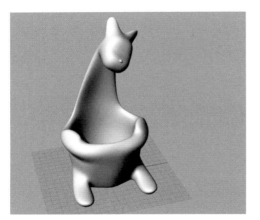

图2-571 完成效果

小结：通过此案例可以发现，建模过程中，需要根据造型特点设置曲面恰当的控制点数量，结合造型形态特征进行细分面，利用线、控制点或面进行造型的挤出、缩放和弯曲等变形操作，从而逐渐将造型表达完整。

2.3.2　课题 2　复杂曲面建模训练

1. 课程要求

课题名称：综合建模实践

课题内容：主要练习复杂曲面建模的思路和方法，建模的连续性。

教学时间：3 学时

教学目的：通过综合建模训练，了解通过合理地进行拆分面后综合运用不同工具进行建模的方法，掌握多个曲面交叉区域的连接方法，了解通过辅助曲线和辅助曲面进行建模的技巧。

作业要求：完成 1 个设计案例的训练，熟悉复杂曲面建模的整体思路与方法。

2. 知识点

好爸爸洗衣液瓶子的造型看似简洁，实则对建模思路和建模技巧的综合运用提出了挑战，此外整体模型的曲面还需要保持结构线的相对整齐和简洁（图 2-572）。因此，需要深刻理解曲线的阶数、控制点与其生成的曲面之间关系；需要熟练掌握控制点建模的方法、曲线连续性的调整方法、渐消面的制作方法、三边交汇处修补面保持 G2 连续的方法等，因此，是一个综合性较高的一个建模案例。

3. 设计实践训练

建模总体思路：

首先将瓶子的曲面拆分为 A、B、C、D、E、F、H、I 等曲面，建模顺序按照英文字母顺序进行（图 2-573）。

所使用到的命令：

与曲线相关命令：【曲线重建】、【环绕曲线画圆】、【投影曲线】、【相交线】、【混接曲线】、【曲线衔接】、【分割边缘】。

与曲面相关命令：【直线挤出】、【从网线建曲面】、【放样】、【双轨扫描】、【圆管】、【衔接曲面】、【混接曲面】。

与控制点调整相关的命令：【控制点选择工具】、【UVN 移动工具】、【调整曲线端点转折】。

图 2-572　好爸爸洗衣液瓶子

图 2-573　拆面分析图

图 2-574　使用帧平面设置四个辅助背景图

预备步骤：放置辅助背景图（图 2-574）。

单击曲面工具栏中【帧平面】命令，将前视图、右视图、顶视图、底视图放置在坐标轴中心位置，然后分别放置不同图层并锁定。需要注意的是，由于照片各个角度拍摄是存在一定误差的，因此还需要手动移动照片的位置，使他们的前、后、上、下画面中心对齐。另外，由于每个练习者放置的图片尺寸不相同，所以本案例中所涉及的相关的尺寸仅作为演示参考，请练习者依据自己的实际模型调整相关的尺寸。

第一步，制作洗衣液瓶身。

1）放样＋拉点法制作顶部曲面 A。

STEP1：按照辅助背景图的正视图、顶视图和右视图，描绘出两条曲线，两条曲线均为 3 阶 7 个控制点。注意下面的曲线在左侧端点处两个控制点的位置，必须在同一直线上。如图 2-575 所示。

STEP2：【放样】 制作顶部曲面 A。

通过两条曲线放样得出顶部初始面 A，如图 2-576 所示。注意此处将放样参数重建为 12 个点，这样做的目的是曲面 A 的结构线比较整齐，并且下一步调整控制点时容易操作。但是请注意，重建放样后曲面 A 的两条边缘将与两条初始曲线发生偏移，不再是重合的状态。

STEP3：制作辅助面 A0，将曲面 A 与辅助面 A0 进行衔接，如图 2-577 所示。

（1）选择点曲面 A 的上边缘，单击【直线挤出】 命令得到辅助面 A0。

（2）使用衔接曲面命令将曲面 A 与辅助面 A0 进行衔接，连续性选择相切。

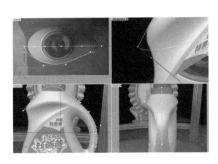

图 2-575　顶部曲面两条轮廓线

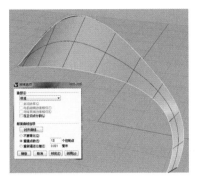

图 2-576　放样参数与初始面

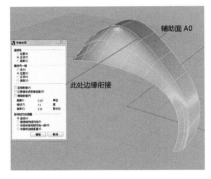

图 2-577　衔接曲面 A 与辅助面 A0

STEP4：调整控制点，将顶部曲面 A 调整到如图 2-578 所示的形状。

（1）选取从上往下数第三排控制点，选择其中一个控制点，单击工具，控制点选择工具【选取 V 方向】 ，将一整排控制点选中。此处要注意将前面端点处的两个点减选，否则移动控制点后将使前端的曲面造型鼓起，影响瓶子的形状。

（2）此处再使用【UVN 移动工具】 ，选择 N 向并向外移动到合适的位置，具体的参数自行控制。此时调整控制点需要非常耐心，要从多个角度观察造型，必要时可以减选或多选控制点，最终调整曲面到合适弧度。原则是曲面的弧度满足瓶子造型的要求。

（3）按照瓶盖的直径大小，将所选择的几个控制点移动到合适的位置（图 2-579）。可以使用【ALT＋ 方向

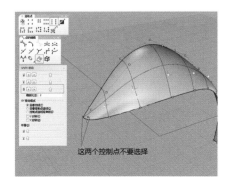

图 2-578　调整控制点

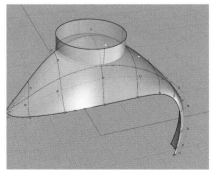

图 2-579　依据瓶盖直径调整控制点

键】使控制点沿与边缘垂直的方向水平移动。要特别注意此时的控制点只能沿水平方向移动，不得上下移动。这是为了保持曲面 A 边缘处的相切连续性不变。

STEP5：顶部曲面 A 镜像，并使用斑马纹检查连续性，如图 2-580 所示。如果发现没有达到相曲率连续，则可以使用【衔接曲面】🔁命令进行互相衔接，顶部曲面 A 制作完成。

2）挤出 + 修剪命令制作侧面大曲面 B。

STEP1：在瓶子的镜像中心绘制一个中心辅助面 B0。

STEP2：在顶部曲面 A 的下边缘取 Y 点。用 Y 点截断边缘后，将被截断的右侧边缘投影到中心辅助面 B0 上去，得到一条投影线 b0（图 2-581）。

注意：此处 Y 点位置的选择很关键，会影响到后期曲线和曲面的连续性和光顺度。中心辅助面 B0 在瓶子左右两侧的对称中心上，自行绘制。

图 2-580　镜像并使用斑马纹检查连续性

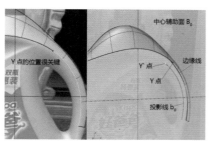

图 2-581　Y 点截断边缘并且有投影在中心面上

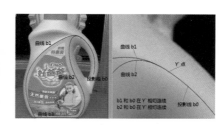

图 2-582　绘制 b1、b2 曲线并与 b0 在 Y^1 点相切连续

STEP3：在中心辅助面 B0 上画弧线 b1 和弧线 b2，和瓶底的直线 b3。得到曲面 B 的轮廓状，下一步需要用这三条线修剪出曲面 B 的造型。

注意 b1、b2 和投影线 b0 在点 Y^1 处相切连续（图 2-582）。此处调整点 Y^1 处的连续性需要耐心，调整方法可综合运用【衔接曲线】〰️、【调整曲线端点转折】🖍命令，并结合手动调节曲线端点连续性的方法共同调节，此步骤比较花费时间，具体请参考视频文件。

STEP4：画一条 3 阶 4 个点的弧线 b5，调整弧线形状与底部弧线形状相近。然后将弧线 b5 挤出为初始面 B（图 2-583）。

STEP5：使用曲线 b1、b2 与 b3 修剪面 B，得到侧面曲面 B 的形状（图 2-584）。然后使用【缩回曲面】🔲工具，将控制点缩回曲面。

STEP6：最后选择【移动】⟋工具，并在【物件锁点】中勾选"点"，将侧面曲面 B 的尖部的顶点移动捕捉到顶面 A 边缘上的 Y 点，使两个点重合（图 2-585）。

3）双轨扫描制作左边曲面 C。

STEP1：按照辅助背景图的正视图描绘出左侧轮廓曲线。在轮廓曲线上取一点 P，将曲线分割为 c 和 d 两段（图 2-586）。

STEP2：制作路径 1。使用【直线挤出】▮命令将曲线 c 挤出生成辅助面 C0，辅助面 C0 的边缘将作为路径 1（图 2-587）。

图 2-583 绘制曲线并挤出成曲面

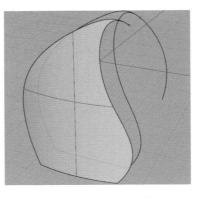

图 2-584 修剪得到侧面曲面 B

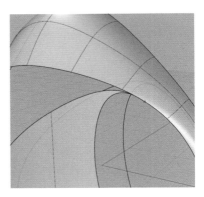

图 2-585 Y^1 与 Y 点重合

图 2-586 绘制左侧轮廓线 c 和 d，
并在 P 点分割

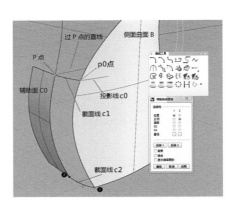

图 2-587 制作路径和截面线

STEP3：制作路径 2。

（1）沿 P 点绘制一条直线，将其投影在侧面曲面 B 上，得到一条投影线 c0，投影线的端点为 P0。或者过 P0 点使用【提取结构线】✍ 命令也可以得到这条曲线。

（2）单击【分割边缘】🔨 命令，选取投影线的末端 P0，将侧面曲面 B 的边缘分割为上、下两段。边缘的下半段将作为双轨的路径 2。

STEP4：制作两条截面线，使用【可调式混接曲线】🖉 。

（1）使用【可调式混接曲线】🖉 命令，将投影线 c0 和辅助面 C0 的上边缘混接曲线，得到截面曲线 c1；注意连续性选项，靠近曲面 B 的一端连续性为 G0，靠近辅助面 C0 一端为 G1。

（2）使用【可调式混接曲线】🖉 命令，将曲面 B 的下边缘与辅助面 C0 的下边缘混接，得到截面曲线 c2。注意连续性选项，靠近曲面 B 的一端连续性为 G0，靠近辅助面 C0 一端为 G1。

STEP5：使用双轨扫描得到左边曲面 C，注意连续性选项，靠近曲面 B 的一端连续性为 G0，靠近辅助面 C0 一端为 G1，得到左边曲面（图 2-588）。

STEP6：将曲面 C 镜像，并通过斑马纹检查连续性。

4）使用从网线建立曲面，制作弧形过渡面 D。

STEP1：将曲线 d 挤出，制作辅助面 D0。

STEP2：使用从网线建立曲面命令，依次选择如图所示的四条边缘，得到初步过渡曲面 D。注意边缘曲线选项调整为 0.01，可以减少生成曲面的网格数，注意边缘连续性的选择（图 2-589）。

分析：此时检查发现此过渡面侧面太鼓，而原产品的曲面在这里是凹陷的，如图 2-589 所示，因此需要在网线中间添加一条曲线来控制曲面的造型。

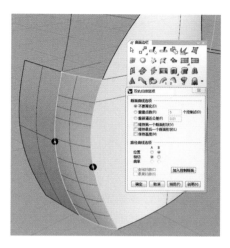

图 2-588　双轨扫描得到曲面 C

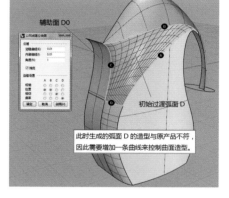

图 2-589　制作过渡弧面 D

STEP3：在初步过渡面上抽取结构线，发现这条结构线控制点非常多，不利于调节，以此使用【重建曲线】命令将此结构线重建为 3 阶 4 个点，并使用"UVN 移动工具"，配合【ALT+ 方向键】耐心调整曲线形状（图 2-590）。

STEP4：再次单击【从网线建立曲面】 命令，依次选取四条边缘，建议首先选择曲面最为简洁的面的边缘。边缘曲线选项调整为 0.01，得到理想的弧形过渡面 D（图 2-591）。

STEP5：【镜像】 另一半，使用斑马纹检查连续性。如有问题，则需要再次调节中间的那条曲线。

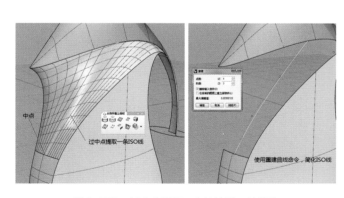

图 2-590　过中点提取一条结构线，并简化

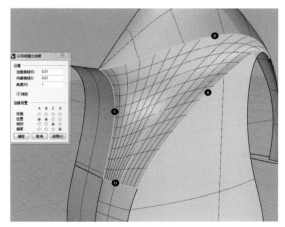

图 2-591　最终弧面 D

5）把手内侧面 E 与右边曲面 F。

STEP1：绘制把手内部曲线 e 和右边轮廓曲线 f，注意 e 和 f 端点 Q 处的连续性为 G1（图 2-592）。

STEP2：放样 + 拉点制作把手内侧曲面 E。

（1）使用放样命令，选择边缘 a2 和曲线 e，初步得到把手内侧面 E（图 2-593 左）。

（2）使用拉点法，方法同顶部曲面 A 的做法，先后选择中间两排控制点，使用【控制点选择工具】和【UVN 移动】 ⟨图标⟩，选择 N 向并向外移动到合适的位置，将曲面 e 的弧度调整到合适的形状（图 2-593 右）。把手内侧面 E 建模完成。

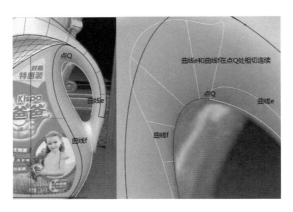

图 2-592　绘制把手内侧曲线 e 和右侧轮廓线 f

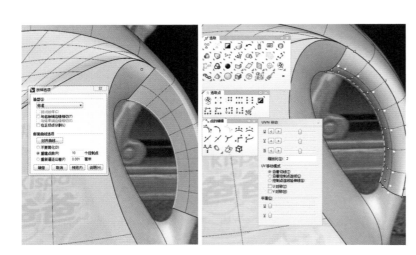

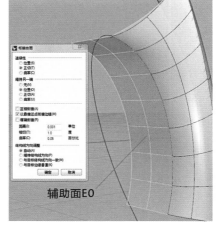

图 2-593　放样并重建点数为 10（左）；分别调整中间两排控制点（右）　　　图 2-594　衔接曲面 E

（3）将曲线 e 挤出成型，生成辅助面 E0，将把手内侧面 E 与辅助面 E0 进行衔接，连续性选择相切连续（图 2-594）。

STEP3：双轨扫描得到瓶子右边曲面 F（图 2-595、图 2-596）。

（1）将曲线 f 挤出成型，得到辅助面 F0。

（2）使用可调式混接曲线命令，将曲面 B 和辅助面 F0 的下边缘进行混接，得到截面曲线 f1。注意靠近曲面 B 的一端为 G0 连续，靠近辅助面 F0 的一端为 G1 连续。

（3）使用双轨扫描，以曲面 B 的边缘和辅助面的边缘为路径，以刚生成的截面曲线 f1 和把手内侧曲面 E 的边缘为截面进行扫描，得到曲面 F。注意靠近曲面 B 的一端为 G0 连续，靠近 F0 的一端为 G1 连续。

（4）将曲面 F 与辅助面 F0 进行衔接，连续性选择相切连续。

注意，此时在曲面 F 和曲面 E 的连接边缘处连续性不太好，可以暂时不用管它，后面的步骤将使用混接曲面命令在此处制作一个过渡面 G，使 E 和 F 两个面 G2 连续。

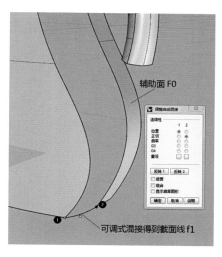

图 2-595　制作截面线

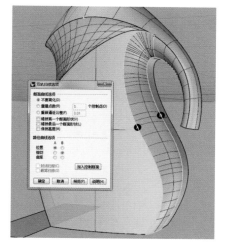

图 2-596　双轨扫描并加入控制断面

6）圆管切割。

STEP1：分别提取边缘线，并注意使用曲线延伸命令将边缘线两段延长。

STEP2：使用圆管命令，得到圆管。

STEP3：使用圆管对各个面进行切割，得到如图 2-597 所示的形状。

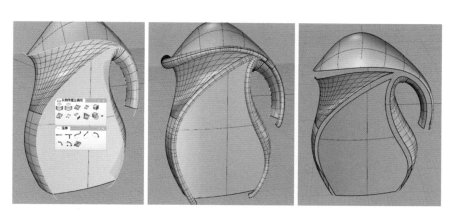

图 2-597　提取边缘线，组合并延伸曲线

7）制作过渡面 G。

STEP1：在曲面 B 的边缘的端点处，单击【圆 - 环绕曲线】，绘制一个圆，然后单击【以平面曲线建立曲面】生成一个圆形面。单击从物件建立曲线工具栏中的【物件交集】命令，求出圆形面和曲面 F 的相交线（图 2-598）。

（注：为行文方便，后面将这种方法简称为【环绕曲线圆求交线法】）

STEP2：在相交线的端点处，使用【以结构线分割曲面】，将曲面 F 进行分割，并删除曲面 F 和曲面 E 中间的部分曲面（图 2-599 左）。

STEP3：单击【混接曲面】命令，选择曲面 F 和曲面 E 的两条边缘，连续性选择 G2，得到过渡面 G（图 2-599 右）。

STEP4：使用过渡面 G 的边缘挤出辅助面 G0，并且使用【衔接曲线】命令将两者相切衔接（图 2-600）。

STEP5：将曲面 E、F、G 镜像，使用斑马纹检查连续性是否达到要求。

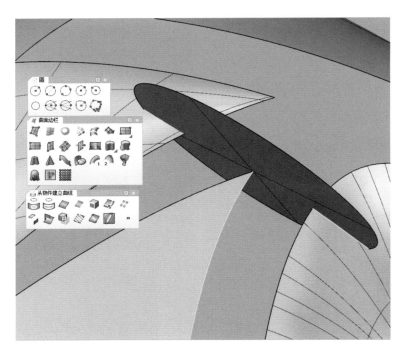

图 2-598　求环绕曲线圆与曲面 F 相交线

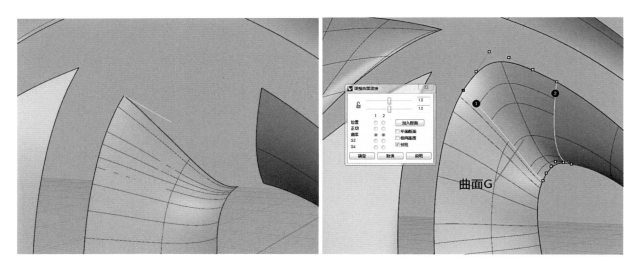

图 2-599　以结构线分割曲面

8）双轨扫描或混接曲面制作圆角面 H。

STEP1：圆角面 H1 使用【双轨扫描】 生成，注意需要使用增加截面线来控制曲面的结构线的走向。

（1）在曲面 D 上边缘的端点处使用【环绕曲线圆求交线法】，得到与顶部曲面 A 的相交线（图 2-601）。

（2）制作截面线。

使用【可调式混接曲线】 命令，将相交线与边缘混接，得到一条混接曲线。注意要将边缘处的混接点移动到端点上。然后使用同样的方法制作其他两条截面线（图 2-602）。

（3）制作另一端截面线。

使用【混接曲线】命令，选择顶部曲面 A 和过渡弧面 D 的两条边缘，得到另一端的截面线（图 2-603）。

注意：请体会直接使用【可调式混接曲线】和【混接曲线】的不同之处。

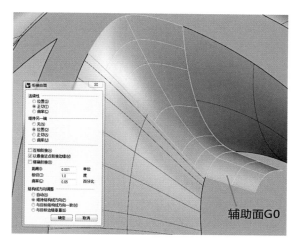

图 2-600 曲面 G 与辅助面 G0 相切衔接

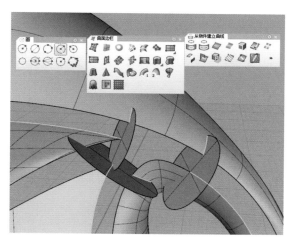

图 2-601 环绕曲线圆求交线法

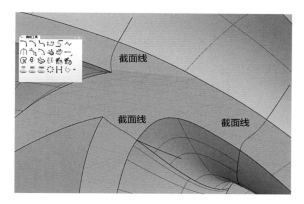

图 2-602 可调式混接得到的三条截面线 1

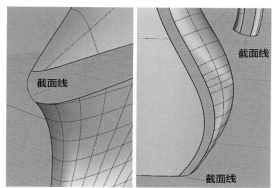

图 2-603 混接 H1 截面线

（4）制作一条轨道线。使用【分割边缘】命令，捕捉相交线的端点，将顶部曲面 A 的边缘截断，左边的边缘即可用的轨道线。

（5）使用【双轨扫描】命令，生成圆角面 H1，然后以同样的方法依次制作出圆角面 H3 和 H4（图 2-604、图 2-605）。

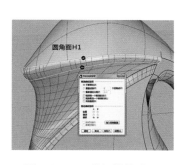

图 2-604 双轨扫描得到 H1

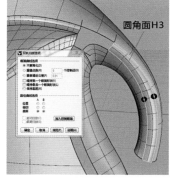

图 2-605 双轨扫描得到 H3

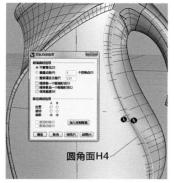

图 2-606 双轨扫描得到 H4

STEP2：圆角面 H3 使用【双轨扫描】⚙ 生成，制作方法同圆角面 H1 的制作方法——【环绕曲线圆求交线法】，不同的是圆所在的位置是曲面 E 的边缘的末端，注意需要使用增加截面线来控制曲面的结构线的走向。

STEP3：圆角面 H4 使用【双轨扫描】⚙ 生成（图 2-606），制作方法同圆角面 H1 的制作方法——【环绕曲线圆求交线法】。不同的是圆所在的位置是曲面 B 的边缘的末端，还注意需要使用增加截面线来控制曲面的结构线的走向。

STEP4：圆角面 H2 使用【混接曲面】⚙ 来制作（图 2-607），直接混接生成的曲面会出现扭曲，特别是在路径两端的位置，因此必须选择〈平直区段〉选项来保持曲面的形状，同时需要配合〈加入断面〉来保持结构线的方向的整齐。

9）制作三边交汇的曲面修补面 I1、I2、I3。

这里的修补与 Y 点的位置，以及特别与曲线 b1、b2 和投影线 b0 在点 Y` 处相切连续有关。这是一个五边面，我们需要把它修补成与其他周围的面成 G2 连续。

STEP1：制作修补面 I₁。

首先需要使用【混接曲线】⚙ 命令，选取 H1、H3 下边缘混接得到一条混接曲线作为路径。然后选择【双轨扫描】⚙ 得到修补面 I1。并使用【衔接曲面】⚙ 将 I1 的左边缘与圆角面 H1 进行衔接，连续性选择曲率连续（图 2-608 ~ 图 2-610）。

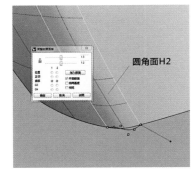

图 2-607　混接生成 H2

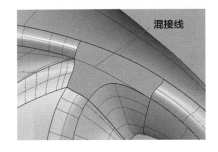

图 2-608　混接得到混接线

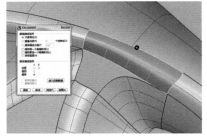

图 2-609　双轨得到 I1

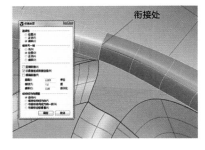

图 2-610　曲率衔接

STEP2：制作修补面 I2。

首先使用【混接曲线】⚙ 命令，选取曲面 B 的右边边缘和圆角面 H3 的上边缘，混接得出一条混接曲线作为路径。然后选择【双轨扫描】⚙ 得到修补面 I2。使用【衔接曲面】⚙ 将 I2 的下边缘与圆角面 H4 进行衔接，连续性选择曲率连续（图 2-611 ~ 图 2-613）。

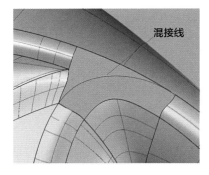

图 2-611　混接生成曲线

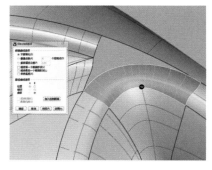

图 2-612　双轨得到 I2

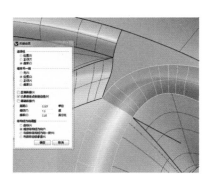

图 2-613　曲率衔接曲面

STEP3：修剪 I1 和 I2，为制作 I3 留出空间。

（1）使用【混接曲线】命令，选择圆角面 H2 的上边缘和圆角面 H3 的上边缘做混接曲线，得到一条混接线。使用【混接曲线】命令，选择圆角面 H2 的下边缘和圆角面 H3 的下边缘做混接曲线，得到一条混接线。还需要调整这条曲线，使之不要与 G 面产生干涉（图 2-614）。

（2）分别使用这两条混接线修剪修补面 I1 和 I2，得到如图 2-615 所示的空隙。

（3）使用【双轨扫描】命令，依次选择周围的四条边缘，连续性选择曲率连续，最后得到修补面 I3（图 2-616）。

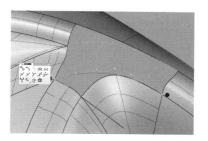

图 2-614　混接得到两条曲线

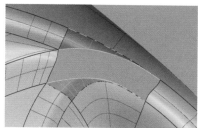

图 2-615　修剪得到一个空隙

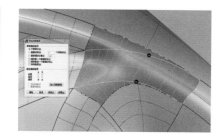

图 2-616　双轨得到 I3

（4）使用衔接曲面命令，对修补面 I3 的两端进行曲率衔接（图 2-617）。

10）镜像得到完整瓶身造型。

使用【镜像】命令，将上面所制作的所有曲面镜像得到另一半，使用【斑马纹】检查曲面（图 2-618），最后得到基本的瓶身造型。

11）制作把手末端曲面

STEP1：将曲面 A、曲面 E 以及圆角面 H3 把手末端的边缘修剪整齐。可使用"环绕曲线圆"来切割，保持切割面与切面方向垂直（图 2-619）。

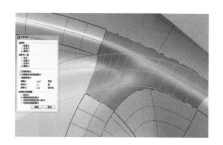

图 2-617　曲率衔接

图 2-618　斑马纹检测

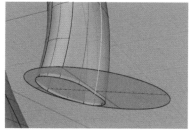

图 2-619　环绕曲线圆切割把手末端

STEP2：画 3 条相同阶数和控制点的曲线，根据视图调整曲线形状，调整后的形状如图 2-620。

（1）把手末端左右两侧的曲线需要和圆角面 H3 的 ISO 线保持 G2 连续，可使用【衔接曲线】和【调整曲线端点转折】命令来调整形状。具体调整步骤参考教学视频。

（2）把手末端前后的曲线需要分别和顶部曲面的边缘、把手内部曲面的边缘保持 G2 连续，可使用【衔接曲线】和【调整曲线端点转折】命令来调整形状。具体调整步骤参考教学视频。

（3）提取边缘线，并组合（图 2-621）。

（4）使用【从网线建立曲面】命令，生成把手末端曲面的初始造型（图 2-622）。

 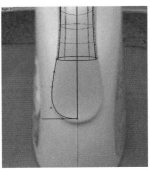 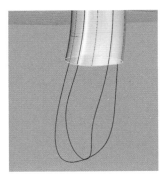 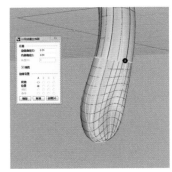

图 2-620　绘制把手末端的曲线　　　图 2-621　提取边缘线并组合　图 2-622　从网线建立曲面生成曲面

12）连接把手末端和瓶身曲面。

STEP1：G2 连接把手末端和瓶身曲面。

绘制两条曲线，位置如图 2-623 所示，分别修剪把手末端曲面和瓶身曲面，然后在两个面上得到一个孔洞。（孔洞的大小由曲线的形状和位置控制，这个需要练习者自己反复调整。）

使用【混接曲面】工具，得到连续性为 G2 的混接曲面（图 2-624）。

STEP2：G2 连接把手曲 🔄 面。

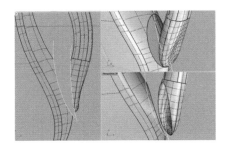 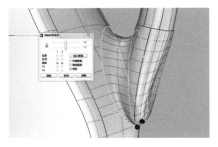

图 2-623　绘制两条曲线，分别修剪两个曲面　　　　图 2-624　混接曲面

使用"环绕曲线圆"修剪刚生成的把手末端。并使用【混接曲面】🔄，得到连续性为 G2 的混接曲面（图 2-625～图 2-627）。

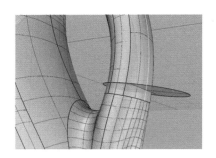 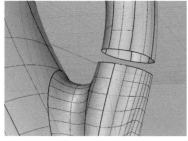 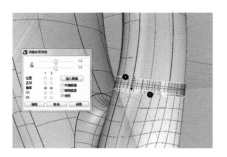

图 2-625　绘制环绕曲线圆修剪把手末端　　　图 2-626　修剪后的造型　　　图 2-627　混接曲面

13）制作瓶子底部和瓶子顶部。

制作瓶底和顶部方法非常简单，此处就不再详细讲述，具体请参考教学视频。

第二步，制作花瓣形状的瓶盖。

鉴于本书篇幅有限，此处仅讲解花瓣的制作这一部分，这也是花瓣状瓶盖建模的重点和难点，瓶盖其他部分制作方法非常简单，具体步骤请参照教学视频文件（图 2-628 ）。

我们的思路是先制作一个花瓣的形状，然后进行阵列得到花瓣的初始形状。难点是瓶盖侧面花瓣末端的两条圆角的渐消面制作，这里需要用到修补面的制作方法。

图 2-628　盖子造型

操作步骤：

1）绘制 3/4 曲线圆，并调整控制点。

STEP1：绘制两个曲线圆，分两次将中间的小圆保留四分之一和四分之二，最后共四分之三的圆形（图 2-629～图 2-632 ）。这样做的目的是为了截断曲线圆后保持控制点不变。

STEP2：调整如图所示控制点，最终形状如图 2-633 所示。

注意：下排第一个控制点千万不要移动，否则阵列为圆柱体后此处将产生一个错位的边缘，而不再是一个完整的圆柱形。

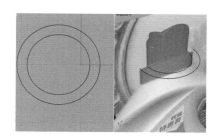

图 2-629　绘制两个曲线圆

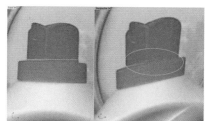

图 2-630　绘制一个曲线圆

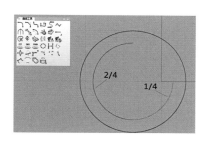

图 2-631　截断曲线，保留两段圆

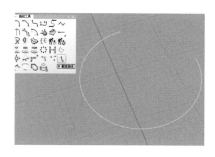

图 2-632　使用截断曲线工具，保留四分之三圆

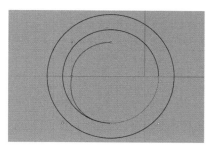

图 2-633　调整控制点，最后形状如下

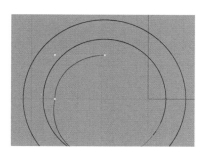

图 2-634　移动控制点

2）制作四分之一花瓣，阵列后得到花朵的整体造型。

STEP1：绘制一条直线，连接调整后的四分之三圆（图2-635）。

STEP2：使用【挤出封闭的平面曲线】▮命令，将上面制作的图形挤出得到如图2-636所示的实体。

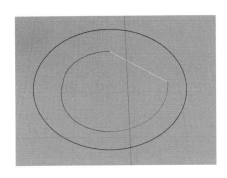
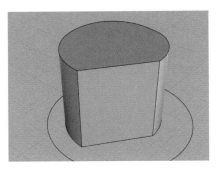

图2-635　画一条直线把图形连接起来　　　　　图2-636　挤出一定的高度

STEP3：绘制花瓣的斜面。绘制一条倾斜的直线，并将这条直线【直线挤出】▮为一个平面，请注意这个平面的位置。然后用这个平面和上一步由四分之三圆挤出的实体互相修剪，得到一个花瓣的实体造型，如图2-637、图2-638所示。

STEP4：将这个花瓣的实体造型【环形阵列】⁙4个，然后选择【布尔运算并集】命令，将四个花瓣生成一个实体（图2-639）。

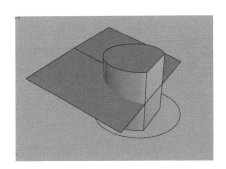
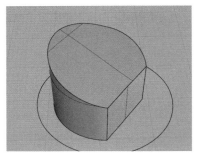
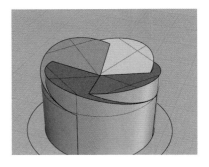

图2-637　分别将四分之三圆和直线挤出成型　　图2-638　两个图形互相修剪后得到一个花瓣的造型　　图2-639　阵列4个后，进行实体布尔运算并集

3）对花瓣进行倒圆角。

STEP1：对花瓣顶部的边缘进行倒圆角。选择花瓣最外延的边沿，使用实体工具中【不等距边缘圆角】◈命令倒圆角，圆角半径选择输入0.3（此处参数仅作参考，练习者请按照自己模型的尺寸输入合适的数值），所得如图2-640所示。

STEP2：使用【以结构线分割曲面】⌐将花瓣侧面的面分割（图2-641）。

STEP3：对花瓣内部边缘倒圆角（此处需要使用圆管切割法）。

（1）选择如图2-642所示的边缘，使用【从物件建立曲线】工具栏中的【复制边缘】◈命令，复制边缘并组合，得到一条曲线。（注意检查这条曲线是否存在断续的问题，如有断续的情况请手动进行修补。）

（2）选择这条曲线，使用【建立实体】工具栏中的【圆管】◈命令生成一条圆管，圆角半径选择输入0.1。然后阵列四个（图2-643）。

（3）选择点，建立"环绕曲线圆"，并使用【从物件建立曲线】工具栏中的【物件交集】◈命令，与瓶盖侧面相交得到一条曲线（图2-644）。

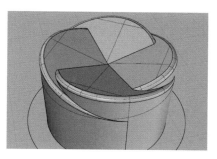
图 2-640　对花瓣外边缘导圆角 0.3

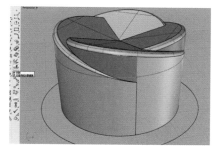
图 2-641　以结构线分割曲面

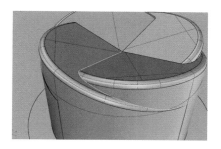
图 2-642　提取结构线

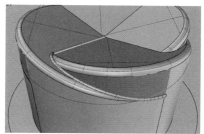
图 2-643　生成 0.1 圆管

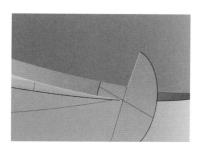
图 2-644　在这条边缘端点处做环绕
曲线圆，并求得相交线

（4）使用【可调式混接】 选择这条相交曲线与边缘混接得到一条混接曲线，注意边缘处选择〈边缘〉选项（图 2-645）。

（5）使用【分割边缘】 在相交曲线的端点处将边缘分割为两段（图 2-646）。

（6）使用【混接曲面】命令，得到圆角面（图 2-647）。

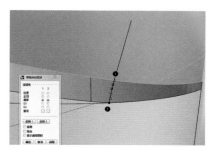
图 2-645　可调式混接曲线工具得到截面
曲线

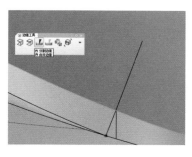
图 2-646　相交线的端点处分割边缘

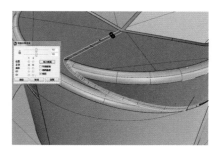
图 2-647　混接曲面

4）制作两条圆角面的渐消修补面。

（1）使用【双轨扫描】 命令，分别以两条长边为路径，得到修补面，如图 2-648。

（2）使用【衔接曲面】 命令使新生成曲面的左边缘与圆角面达到曲率连续，如图 2-649。

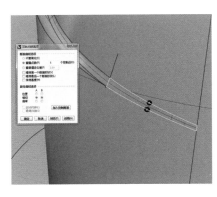

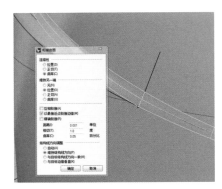

图 2-648　双轨扫描成型，重建 5 个点，相切连续

图 2-649　衔接修补面

5）制作瓶盖顶部的圆形凸起和瓶盖下部的剩余部分。

（1）这两部分的建模非常简单，顶部的圆形凸起可以使用【旋转成形】🍷命令生成，然后与花瓣互相修剪后，组合并在面的交界处倒圆角。

（2）瓶盖下部造型是一个规整的圆柱体造型，在圆柱体的周围有阵列出的一圈细小的凸起，起到防滑的作用。这两部分的难度都不大，所使用的命令也比较简单，书中就不再详细讲述，具体的操作步骤请参考教学视频文件。

6）瓶盖最后造型如图 2-650 所示，检查连续性。洗衣液瓶最终效果如图 2-651、图 2-652 所示。

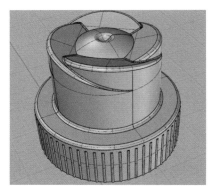

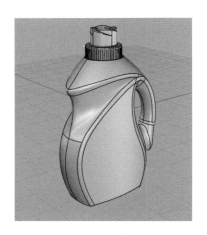

图 2-650　斑马纹检查

图 2-651　最后盖子的成品效果

图 2-652　最终效果

2.4　KeyShot 渲染实践训练

1.　课程要求

课题名称：KeyShot 渲染案例

教学时间：3 学时

教学目的：通过案例分析与练习，掌握 KeyShot 的基本用法，掌握摄像机架设及渲染角度的调整、主要材质类型的设置、环境贴图照明的调试，以及如何综合地通过灯光、材质、背景及相机的运用渲染出有特色的效果图。

作业要求：完成 2 个渲染案例的分析与练习，掌握 KeyShot 渲染的基本要领。

2.　知识点

KeyShot 的渲染设置相比传统渲染软件较为简单，其操作内容包括摄像机镜头设置（渲染角度）、环境贴图设置、材质设置和背景设置等。

摄像机镜头设置：渲染效果图时，首先需要设定好渲染角度，根据效果图表现风格、产品对象表现要求和效果图用途的不同，设置镜头角度、高度、焦距和范围，使效果图的构图具有美感。其次，由于需要渲染不同角度的效果图，可以通过设置多个不同角度的相机来满足要求，有时也可以设置批量渲染任务列表进行批量渲染，此时就需要设置不同相机以调整不同渲染角度。

环境贴图设置：环境贴图是提供渲染照明的主要方式，环境贴图的选择对效果图的光影效果具有决定性和不可替代性的作用，环境贴图的调整和设置对效果图光影氛围和艺术效果有极大的影响。环境贴图一般默认的有四类：Interior（室内环境）、Outdoor（室外环境）、Studio（摄影棚）和 Sun&Sky（天光照明）。可以根据不同类型的渲染要求进行选择，对于常规的产品效果图渲染而言，一般选择 Studio 较多，环境贴图的主要设置内容有：亮度、对比度、大小、高度和角度，这些在渲染中是经常需要进行调整的参数，另外也可以在 Hdri 编辑器中对环境贴图进行深入编辑，使照明效果更精确和细腻。

材质设置：它是效果图渲染中的最为关键步骤也最为复杂的一步，根据产品不同部件的材质差异，赋予相应的材质，使产品效果更加接近真实材料质感。比较常用的材质有塑料、金属、喷漆、玻璃和贴图材质。由于材质各类较多，而每种材质可调整的参数又有所差异，因此对材质的设置是渲染中的重点和难点，需要初学者通过逐步的经验积累才能掌控好材质属性的设置。

背景设置：背景的设置相对较为简单，一般分为三种：环境贴图、颜色和背景图，有时为了使渲染效果图更好地进行后期背景合成，一般会设置成透明单色背景。

3.　设计案例与实践

实践训练一：护腿仪渲染

基本思路：首先，需要将环境贴图和相机角度做好初步设置，之后分别对产品不同部件进行材质赋予和编辑，完成后调整渲染环境和背景，最后设置好渲染输出参数。

操作步骤：

STEP1：在 Rhino 软件中将产品各个部分材质分好图层。

STEP2：打开 KeyShot 软件，单击导入 🐾 按钮倒入模型，如图 2-653。

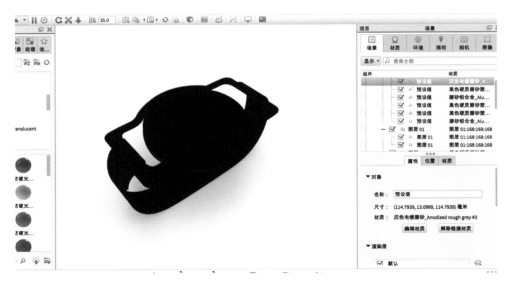

图 2-653　导入模型

STEP3：将各部分分别赋予需要的材质（材质供参考，也可以选择自己想要的其他材质）。

表带：黑色硬质磨砂塑料，粗糙度 0.274，折射指数 1.46，添加凹凸纹理。表金属部分：磨砂铝合金，粗糙度 0.096，如图 2-654。

图 2-654　表带添加材质后效果及参数

表带连接处：黑色硬质磨砂塑料，粗糙度 0.146，折射指数 1.612，如图 2-655。

图 2-655　表带连接处添加材质后效果及参数

表盘底部：灰色电镀磨砂，金属表面粗糙度 0.078，透明图层粗糙度 0.1，透明图层折射指数 1.5，采样值 1，如图 2-656。

图 2-656 表盘底部添加材质后效果及参数

表盘正面黑色部分：黑色硬质磨砂塑料，粗糙度 0，折射指数 1.46，如图 2-657。

图 2-657 表盘正面黑色部分添加材质后效果及参数

表盘正面开关部分：自发光 强度 1.163，如图 2-658。

图 2-658　表盘正面开关部分添加材质后效果及参数

STEP4：调整环境为对比度 1，亮度 1，大小 1614，高度 0，旋转 188.25。
调整背景色彩为白色（环境供参考，也可以自己设置其他想要的环境），如图 2-659。
STEP5：调整想要的渲染的角度，单击渲染🖼️出图。

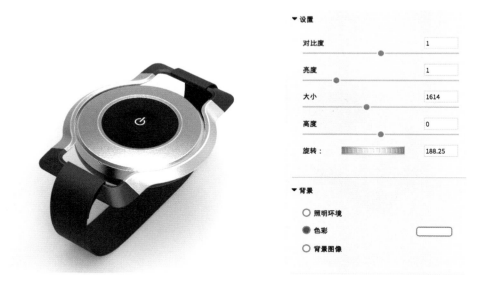

图 2-659　渲染出图

实践训练二：电热水壶渲染

基本思路：首先将渲染角度和基础材质设置好，再选择合适的环境贴图作为灯光效果，并调整好贴图的照明角度和亮度。最后进行材质调节，尝试赋予不同类型的材质进行测试，最后设置好渲染参数，渲染效果图。

操作步骤：

STEP1：在 Rhino 软件中将产品各个部分材质分好图层。

STEP2：打开 KeyShot 软件，单击导入 🔩 按钮导入模型，如图 2-660。

图 2-660　导入模型

STEP3：将各部分分别赋予需要的材质。按住 Shift 键，单击左键选择材质球，鼠标移至模型处单击右键赋予模型材质，或选择材质球后按住左键拖动至模型处，如图 2-661、图 2-662。

壶体：金属漆材质，按键：塑料材质，装饰线：金属材质。根据需要分别对材质的颜色、粗糙度和折射指数等参数进行设置。

图 2-661　赋予壶体金属漆材质

图 2-662　赋予按键塑料材质

STEP4：双击壶体前部，打开材质编辑器，选择标签选项，单击右侧中的"+"号，在打开的对话框中选择一个 Png 格式的图标并单击确定，完成后在材质编辑器中调整图标的大小和位置，直至如图 2-663 所示。

图 2-663　增加标签贴图

STEP5：更换并调整环境贴图。单击库中的环境选项，选择 Studio 中的一个环境贴图，双击贴图进行更换操作，得到如图 2-664 所示的环境贴图照明效果，同时按住 Ctrl 键和鼠标左键并移动鼠标，可以水平调整环境贴图位置和方向，以改变灯光照射方向，直至达到满意效果。

图 2-664　更换环境贴图

STEP6：更换背景颜色。在环境编辑器中，单击"环境＞背景＞色彩"，单击右侧颜色显示图标，打开"选择颜色"对话框，将颜色改为黑色，确定后背景色如图 2-665 所示，改为黑色，同时勾选"环境＞背景＞地面"中的地面反射选项，此时地面上可以形成反射倒影。

图 2-665　更换背景色

STEP7：增加材质贴图。双击水壶壶体位置，打开材质编辑器，在材质编辑器"纹理"选项中，选择"基色"图标，此时将会打开贴图对话框，在对话框中选择相应的木质贴图，完成后单击确定。此时壶体材质更增加了一层木质贴图。在纹理编辑器中可以进行贴图位置、大小和角度的调整，如图2-666所示。

图 2-666　增加材质贴图

STEP8：材质更换。在材质库中选择金属材质，并选择一个带有镂空效果的材质，选择并拖动至壶体位置，如图2-667所示，壶体变为镂空状的造型。在材质编辑器的纹理贴图栏内，透明贴图有一个白底黑点排列贴图，在该选项中，可以实现镂空透明效果，其中黑色部分被定义为镂空效果。

图 2-667　更换金属材质

STEP9：渲染设置及效果图输出。单击下方主工具栏中的【渲染】，打开渲染设置对话框如图 2-668，分别设置图片格式和分辨率等参数，设置完成后单击渲染，开始效果图渲染，通过一定时间渲染完成后，得到如图 2-669 所示的 Jpeg 格式效果图。

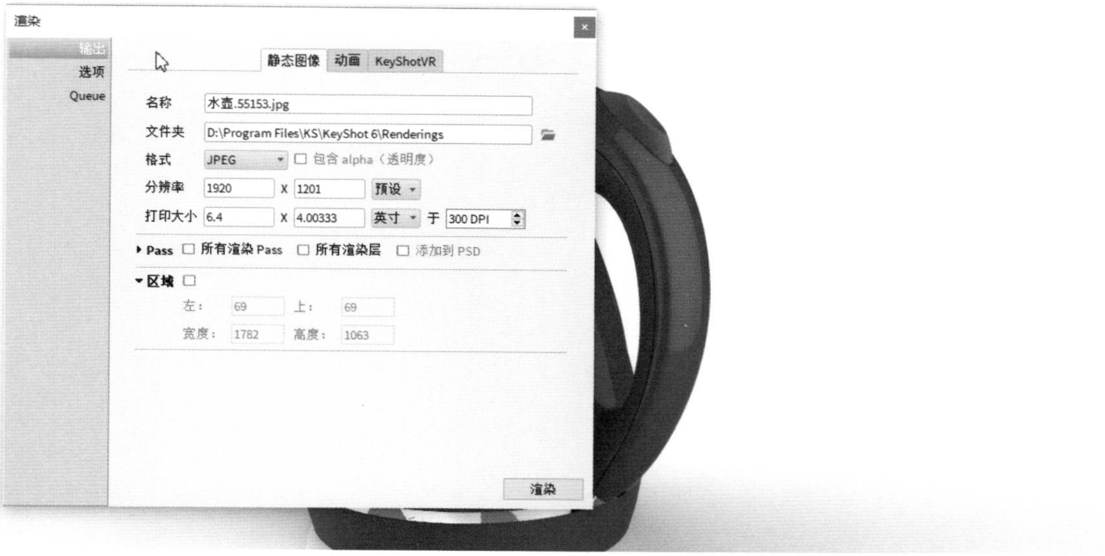

图 2- 668　渲染设置

图 2-669　效果图输出

03

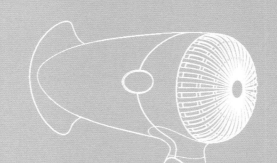

第 3 章　课程资源导航

第 3 章 课程资源导航

3.1 经典材质及场景渲染效果图分析

3.1.1 汽车渲染

这张汽车渲染图片看起来非常的真实是因为其具备逼真渲染的三个必备条件（图 3-1）。

1）透视角度 Perspective

正确的透视角度可以使渲染看起来真实的存在于背景上，不管你的背景采用了环境贴图还是背景贴图，关键是要获得正确的角度。幸运的是，KeyShot 有一个人性化的网格选项，你可以打开环境设置帮助。

2）景深 Dof

一个模糊的背景可以反衬出更多的物体细节，但如果太多了反而会让图像看起来不那么真实。（提示：在摄像头方面，增加了光圈大小或靠拢的对象，减少景深，即使你的前景 / 背景更模糊。）请确保你使用的背景图处在正确的景深下。你还可以设置在 KeyShot 相机选择里的 Dof（Depth of filed），在多模型同时渲染的时候是很有用处的。

3）照明 Light

当你把拍摄的照片使用 Photoshop 进行了一些修改，增加了一些光亮，对照片的不同部分做颜色调整，这样看起来多少会有点假，使照片材料和照明不符合当时现场的灯光。这是一个明显的差异，即便有一点点的偏色你也会让渲染图很快失去真实性。如果你想了解不同照明条件下的材料色彩，你可以多看一些照片或类似的照明条件图片，自己拍些照片，之间的光线差异可能是多加入一些反射值而已。

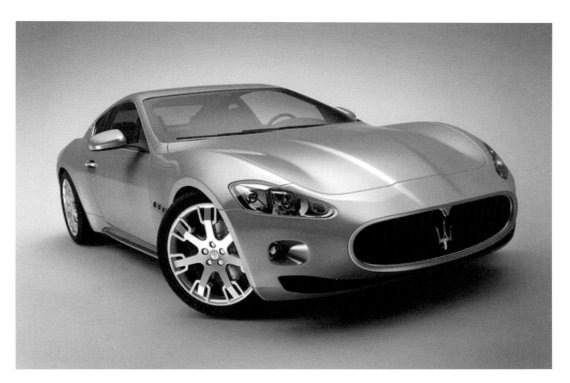

图 3-1 汽车渲染

3.1.2　智能植物盆栽渲染

　　该智能盆栽渲染采用了常规的塑料、金属、标签贴图和绿植等材质，其中塑料材质采用了亮面和磨砂面两种材质对比。选取了具有多块反光板的环境贴图，使产品的球体造型光影对比更强，通过清晰的光影轮廓线很准确地把曲面圆弧造型表现出来了。相机高度采用与视平线接近平行的位置，焦距较大，使其与日常生活中对此类生活家居用品的感受相似，加上适当的地面倒影效果，使整体氛围更加活泼（图3-2、图3-3）。

图 3-2　智能盆栽（设计者：应渝杭 / 指导：张祥泉）

图 3-3　智能盆栽（设计者：应渝杭 / 指导：张祥泉）

3.1.3 大脑渲染

KeyShot 已经可以为科学领域做一些专业的渲染工作，包括生物学和医学，图 3-4 这个大脑（大脑左半球）就是在 KeyShot 中渲染的，使用了多个通道。

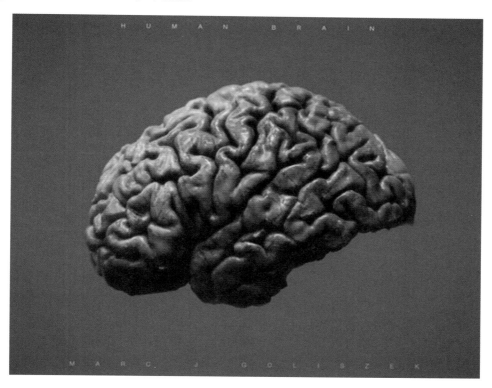

图 3-4 大脑渲染图

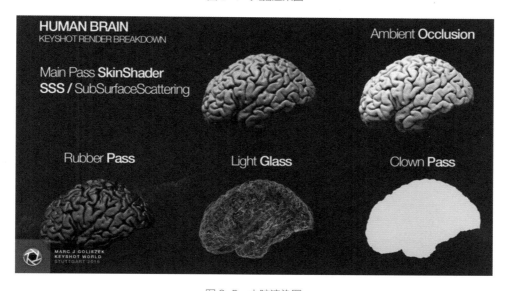

图 3-5 大脑渲染图

图 3-5 这个大脑用 KeyShot 渲染了 4 个单独的通道（加上一个 Clown 通道），然后在 Photoshop 中合成后形成这样的最终效果，通过非传统的材质达到独特的效果，是 KeyShot 的关键优势之一。Rubber（橡胶）通道用来减弱强光部分，提高对比度和色调，而玻璃材质作为一种渲染用来创建血管（图 3-4、图 3-5 图片均引自学犀牛中文网）。

3.2 国内外优秀三维建模渲染设计作品赏析

3.2.1 超跑模型作品

这件模型作品可以看出作者付出的精力与功底。主体用放置好的视图精确描线，提前构架细分出每个曲面。由曲线构建曲面，将每个曲面完美衔接，再建模添加车标、纹理等细节，完成跑车主体外观构建。

内部座椅及中控、内饰，也由视图描线，画出精准结构线，由曲线建立曲面，完成大体造型。再运用圆角、阵列、曲面流动等基本命令，完成座椅面上针脚、透气孔、边缘等细节。

发动机部分看似困难，但确是整个跑车建模中相对简单的地方。因为发动机的曲面较少，只要严格按照视图，运用基本命令构建即可。

最后，作者分取图层，放置 KeyShot 中渲染，一件优秀的超跑模型作品就诞生了。

总体上，作品无论从整体构建，还是细节建模；从外观造型，到内部结构，再到后期渲染，作者的完成度都相当高，也可见作者对这件作品的耐心以及对 Rhino 的掌握程度非同一般（图 3-6～图 3-10，图片均引自学犀牛中文网）。

图 3-6 超跑建模与渲染

第3章 课程资源导航

图 3-7　内饰建模渲染

图 3-8　发动机舱建模与渲染

图 3-9　超跑尾部效果

图 3-10　超跑造型细节

3.2.2　鼠标建模作品

这件模型作品主要展现作者对高级曲面的理解。模型造型柔和完整，渐消面过渡自然。

前期通过放置好的三视图，分析构想好每个曲面，再进行结构线描画，由曲线构建曲面。再通过不规则圆角等命令，将曲面间过渡出来，构建出柔和的渐消面细节。

后期运用分割、布尔等基本命令，添加分模线、牌标等细节。模型构建完成后，将每个部件分取图层，放置KeyShot 中，进行渲染。

这件建模作品，虽然不复杂，但充分体现出作者对曲面构建的掌握。此类模型的建模，很适合学习过建模一段时间的新手，学习高级曲面，向中高阶提高晋级，是很不错的选择（图 3-11、图 3-12）。

图 3-11 鼠标建模效果

图 3-12　鼠标建模效果

3.3 优秀学生建模作品解析及常见问题分析

通过对典型学生作品案例分析，剖析初学 Rhino 软件者容易遇到的问题，梳理解决问题的方法。本节选择了几个代表不同领域的产品建模案例，包括交通工具、电子产品、重型机械、电动工具以及家居生活用品，作品均挑选自日常教学中学生学习 Rhino 软件课程中的课程作业。

案例1：越野车

图 3-13　越野车建模（绘制者：王雯藜/指导：王军）

越野车这类产品车型方正，线条硬朗，兼具力量感和速度感。从建模角度来看，总体上车身是由多个平面组成看似规则的体块，相对于轿跑车等车型来讲，异形曲面的处理要少一些，但也有部分不规则的异形曲面、渐消面和较多小的细节需要处理，如后视镜、车轮挡泥板、车轮轮毂、把手、车灯等（图 3-13）。

1. 建模分析

首先将越野车产品的三视图进行尺寸标注，掌握好车身比例，其次进行大的划分，看看产品是由几部分组成，根据"先整体后局部，先大面后细节"的原则，确定建模顺序。该产品中规则曲面造型较多，因此需要先做出整体大的曲面，组成汽车的主体框架，分别对每个结构体块中的面做出分析，观察面的形态，研究面与面之间的连接，再对小的细节以及异形曲面造型进行建模。

1）建模异形曲面并生成实体时，如车顶、后视镜、车尾、车轮挡泥板等，都是先绘制空间曲线，并在三视图上适当调整控制点，根据需要形成控制点曲线，选择单轨或双轨扫描、放样等命令，生成曲面，再选择挤出曲面或偏移曲面命令生成实体，最后进行倒角。

2）大部分的不规则曲面衔接，都是根据不同的情况，选择放样、从网线建立曲面、混接曲面等命令。

3）在倒角、曲与面衔接时，会经常出现破面，需要进行补面，补面遵循的原则是：做出大面，割成小面，划分三角面，构造四角面。

4）车轮的建模，首先找到车轮中心点后画圆，用挤出封闭的平面曲线命令把圆拉成圆柱体，重复以上命令画一个直径小的圆形及圆柱体。其次可以用布尔交集运算命令对以上两个圆柱进行修剪成空心的圆柱，也可以用相互分割的命令相互切割，对多余的面进行删除，剩余面进行组合。然后用曲线命令画好轮胎的内部轮廓，对其进行旋转成形，其他内部结构进行空间曲线绘制，再使用挤出封闭的平面曲线命令，倒角即可。而胎纹的绘制，主要使用拉回曲线及环形阵列命令。

2. 难点

1）车身的细节较多，不规则的形状要经过多种命令的尝试和形状调整才能在做准形态的同时保证不破面。

2）异形曲面造型较难建模，挑选所使用的命令很困难。曲面与其他面的连接处很容易破面，所以对面与面之间的理解要透彻。一个好的曲面通常要有好的线进行引导，所以对线的布局规划要经过认真思考和多次尝试，来确保能形成最简洁的面。

3）建立实体并进行倒角，倒角的时候经常出现错误，要根据模型不断调整倒角的大小，或是先倒大角再倒小角。

3. 常见问题

1）边与边之间倒角大小不同，容易造成破面。倒角完之后发现错误再想修改就只能重建这个物体再倒角，而不能只修改倒角，比较麻烦，因此需要在建模前理清思路。

2）曲面制作的思路及选择所用的工具都很困难，不仅要表达准确曲面的形状起伏，还要多次尝试各种命令来实现最简曲面。因为曲面的曲率变化会影响面的质量，所以还要对比三视图多次调整曲面的形状，以达到最佳效果。

3）模型细节较多，建模过程要经常对比三视图以确定细节的形状大小和细节与车身主体的比例。

案例 2：佳能照相机

图 3-14　佳能单反相机建模（绘制者：陈姝颖 / 指导：王军）

此款相机属于建模难度较高的产品，机身除了镜头部分以外，整体呈现为不规则的异形曲面，特别是握把处与机身的连接、前后左右上下等曲面之间的连接处极易发生破面。照相机身各种按钮、旋钮、屏幕以装饰线条居多，需要以极大的耐心和对建模的经验去处理这些问题（图 3-14）。

1. 建模分析

主要将单反相机分为机身、镜头、按键旋钮三大部分进行建模，再逐步深入建出各种细节，遵循先整体后局部，先大面后细节的步骤进行建模。首先建出机身的整个大面，再建出显示屏、取景器、内置闪光灯、热靴、卡盖、接口盖等主要部位，机身主体异形曲面变化众多，是建整个单反相机模型中最为困难的部分。然后进行镜头的建模，镜头部分造型比较规则，难度较小，但有许多细节。最后建出相机繁多的大小按键旋钮。

1）机身整体异形曲面造型复杂，可分为两大部分，即机身主体和闪光灯、热靴部位。机身主体整个大面可以根据相机的正面、反面、侧面、底面分为多个曲面来制作，可以主要采用从网线建立曲面、双轨扫描等命令来生成，再采用混接曲面命令连接各个面。闪光灯、热靴部位是较规则的曲面造型，可建立较为规则的实体。用切割补面的思路建出整体造型，再采用混接曲面命令连接机身主体。

2）机身正面按键处、侧面接口处、手柄等部位曲面多变，可采用建立渐消面的思路进行制作，采用分割、收缩已修剪曲面、重建曲面等命令，对控制点进行调节，再采用从网线建立曲面或混接曲面命令来生成。

3）机身整体造型复杂，进行倒圆角操作极易破面，则需采用圆管切割曲面、混接曲面等操作来完成。

4）镜头主要是对焦环和变焦环的处理，可建立简单的几何体，使用环形阵列命令，进行布尔运算差集。

5）镜头上文字的处理，可使用建立 UV 曲线命令，在平面上绘制文字，再使用对应 UV 曲线命令将文字贴在表面，最后使用分割命令来完成制作。

6）其余相机的小部件以及按键旋钮比较规则，难度不大，但数量繁多，需要花费一定时间来建立。

7）相机按键上的文字和图标，可先绘制后使用投影曲线或挤出曲线命令对面进行分割来制作完成。

2. 难点

本例难点主要在机身的整体造型的建模以及各个曲面的连接，需仔细分析各个面之间的关系。曲面连接处极易产生破面，如何在前期布线和划分曲面就显得特别重要，还有就是破面的修补技巧也需要熟练掌握。

3. 常见问题

1）机身为异形曲面变化较大，建模时曲面易发生扭曲，曲面连接处易破面，难以达到理想的效果，需要处理好分面以及布线的合理性，反复多次调整，尤其是在执行双轨扫描命令时。

2）多处采用建立渐消面的思路来进行部分细节的制作，在对控制点进行调节时应特别注意各控制点的位置以及曲面的造型变化，仔细调整来达到理想的造型，再进行下一步的操作。

3）因整体造型复杂，进行倒圆角操作时极易破面，需要用到混接曲面的方法来处理。

4）单反相机按钮较多，要特别注意按钮之间的相对比例以及位置，需要耐心调整。

5）单反相机的细节丰富，用到的命令虽不是很复杂，但需要花费一定的时间来深入完成，细节的完善可使整个产品更加真实。

案例 3：手持电动工具

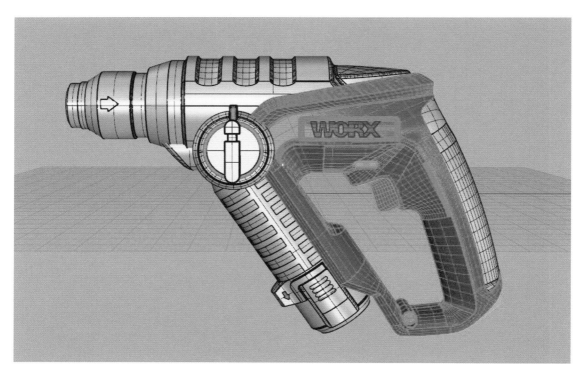

图 3-15　手持电钻建模（绘制者：王辰宇 / 指导：王军）

手持电动工具是一个比较大的产品类别，本例展示的是一个小型手持电钻的模型。这类产品以曲面为主，而且零配件以及产品表面的装饰如凹凸的纹理、散热孔等也比较多。特别是曲面与曲面之间的光滑过渡要做到完美，如手柄上部和电钻身体之间的连接与过渡，以及手柄下部与电池仓之间的连接过渡（图 3-15）。

1. 建模分析

依然遵循"先整体后局部、先大面后细节"的思路进行建模。

1）对产品进行分面，将各个部位的曲面进行划分，然后依据划分好的面分别制作好电钻主体、手柄、电池仓的大致形体曲面。

2）对这些大曲面进行修剪、分割，再使用衔接曲面或混接曲面等命令进行曲面之间的过渡连接，将各个曲面连接成一个整体。

3）分割细节部分的分件结构以及要赋予不同材质的曲面。

4）制作如按键、旋钮、电线等其他零部件。

5）制作产品上面的凹凸纹理、文字或装饰线条。

2. 难点

1）建模初期的分面以及空间布线的位置关系。

2）手柄与电钻主体之间的光滑过渡面的处理。

3）面与面结合部位的圆角处理。

3. 常见问题

1）手柄与电钻主体之间连接的光滑过渡这里极易发生破面，且补面时也容易出现褶皱面，因此前期需要谨慎思考、反复调整和规划分面的布局以及曲线的位置，要注意的是这个光滑过渡面有可能需要使用多个过渡面进行修补来完成。

2）后期某些棱边倒圆角会出现错误和破面，需要用到"切割混接法"进行模拟倒圆角。

案例 4：电动剃须刀

此款电动剃须刀整体造型契合人体工程学手部的握持状态，产品曲线简洁流畅，曲面的起伏和过渡光滑自然，产品上零配件和装饰并不多，是进行 Rhino 建模练习的优秀临摹产品之一。

1. 建模分析

本例所选用的电动剃须刀头部造型较为简单，而手持部分即把手部分曲线优美自然，形态变化丰富，相对来讲手柄部分的建模难度更大一些，因此此款产品的建模重点是手持部分的造型。依然遵循"先整体后局部、先大面后细节"的思路进行建模（图 3-16）。

1）对把手部分进行分面，设置图层，并分别制作出这几个部分的大曲面。

2）对这几个大曲面进行修剪、分割，再使用衔接曲面或混接曲面或双轨等命令进行曲面之间的过渡连接，将各个曲面连接成一个整体。

3）在手柄形体上分割出将要赋予不同材质的曲面等。

4）制作电动剃须刀头部造型以及所包含的网孔等部件。

5）制作产品上面的按键、凹槽以及 Logo。

2. 难点

难点在于手柄部位的分面的划分以及分面之间的连接过渡，可能涉及过渡面的破面与修补。特别是由棱边到渐消的过渡面的建模，需要采用圆管切割法并双轨扫描来进行处理。

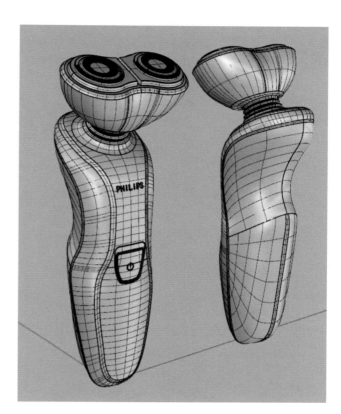

图 3-16 电动剃须刀建模（绘制者：朱晶蕾 / 指导：王军）

3. 常见问题

1）前期分面过于复杂以及布线过于混乱，导致建模效率低下，错误率高。

2）由于线条阶数或控制点数量的原因，导致曲面结构线过于复杂，曲面质量不高。本案例就存在这样的情况。

3）过渡面的生产和破面修补易产生结构线复杂和扭曲的情况。

3.4 与本课程配套的网络平台资源导航

与本书有一套包括所有建模案例的教学视频配套资源，在视频中较详细地讲解了建模的每一个步骤，是对教学案例很好的补充。这些视频目前已全部上传至超星网络教学平台《超星学习通》，并开展《计算机辅助工业设计》翻转课堂教学，目前主要面向部分高校授课，日后将对全社会开放选课。

如今各类网络平台有非常多的资源，可供学习者随时随地进行专业学习，本书提供一些国内外常用的网络平台供同学们参考，以下为建模渲染网络平台资源导航。

1. http://www.keyshot.cc/

这是一个 KeyShot 3D 渲染软件官方网站，从网站上可以购买正版软件，上面有最新版本软件的介绍，同时还有权威的渲染教程，从新手入门至高级案例的不同教程可供学习者使用。

2. http://www.xuexiniu.com/

学习犀牛中文网，这是一个国内专门学习 Rhino 的网站，里面包括 Rhino、T-Splines、KeyShot 等相关软件的学习论坛，包括网友教程、作品和资源分享，还有系列化的网络课程可供学习者系统化付费学习。

3. http://www.rhino3d.us/

摩登犀牛网，这是一个专门从事 Rhino 及相关软件学习分享的网站，上面有系统化的网络课程，创办者长期在国内各大城市开展 Rhino 培训课程，尤其擅长 Rhino 精简建模。

4. http://www.shaper3d.cn

Rhino 中国技术支持 & 推广中心，这是美国 Rhino 原厂 -McNeel 的中国分公司面向中国大陆创立的技术服务性组织 Shaper3d 的网站。由 Rhino 中国原厂工程师团队管理，针对建筑设计行业 和 工业设计行业 为主要方向，为中国大陆地区的个人和公司提供深层的专业教育和指导服务。在网络平台提供相关的软件教育和咨询服务，并且还为行业专业人士提供 Rhino 曲面造型设计和 Grasshopper 参数化设计的商业培训面授课程。

5. http://bbs.billwang.net/

这是一个国内较早的设计论坛网站，原来包括有计算机辅助设计版块，其中包括 Rhino 学习论坛，但目前该版块已弱化。

6. http://www.rhino-3d.com/

犀牛建筑网，这是一个专门提供 Rhino 及相关软件学习分享和网络培训的网站，侧重于与建筑相关的建模渲染资源分享与网络培训。

7. https://wiki.mcneel.com/

这是一个 McNeel 公司及合作伙伴协同工作网站，上面提供了各类技术支持和资源分享，包括 Bongo、Brazil r/s、Flamingo、Penguin、Rhino for Windows、Rhino for Mac 等资源分享及 Rhino 软件开发工具包。

参考文献

[1] 杨汝全. 产品三维设计进阶必读 [M]. 清华大学出版社，2016.

[2] 黄少刚，吴继斌. Rhino 3D 工业级造型与设计 [M]. 清华大学出版社，2011.

[3] 徐平，章勇，苏浪. Rhino 5 完全自学教程 [M]. 人民邮电出版社，2017.

[4] 丁峰. Rhino3 高级应用技法详解 [M]. 兵器工业出版社，2006.

[5] 孙守迁、彭韧编著的《计算机辅助工业设计精品课程》（网络版），浙江大学，2008 年 5 月.